数字城市三维再现技术

刘浩 王睿 著

清华大学出版社

北京

内 容 简 介

本书研究以遥感信息为基础进行三维再现的方法,综合运用模式识别技术、OpenGL 和 Visual LISP 编程技术、三维建模技术、虚拟现实技术和三维动画技术,实现航空摄影和遥感信息的矢量化处理、平面图形的立体化快速自动生成、视频和虚拟现实实现、景观点数据信息和文字信息的获取等功能,从而实现城市信息处理和调用的数字化、图像化、网络化;实现高精度坐标图像重建、平面照片和遥感信息转化为三维景观的深层信息再现。为便于对用各种方法实现的三维景观集中展示,作者还研制开发了三维景观展示系统,取得了良好效果。

本书的研究成果能提供任意角度的立体图像信息和数据信息,以及历史信息等,实现城市信息处理和调用的数字化、网络化、图像化,把城市图像、信息的处理和调用提高到一个新水平,从而为政府决策提供科学依据,为城市规划、地面建设、地下工程建设提供科学依据,这在实践中有重要意义。

本书可作为高等院校计算机专业、地理信息系统及相关专业学生"数字城市"方面课程的教材或参考书,亦可作为电子信息行业培训的教材。

图书在版编目(CIP)数据

数字城市三维再现技术/刘浩,王睿著. —北京:清华大学出版社,2021.2
ISBN 978-7-302-57159-9

Ⅰ. ①数… Ⅱ. ①刘… ②王… Ⅲ. ①数字技术—应用—城市建设—系统建模 Ⅳ. ①TU984-39

中国版本图书馆 CIP 数据核字(2020)第 259429 号

责任编辑:袁勤勇 杨 枫
封面设计:刘艳芝
责任校对:李建庄
责任印制:沈 露

出版发行:清华大学出版社
      网 址:http://www.tup.com.cn,http://www.wqbook.com
      地 址:北京清华大学学研大厦 A 座   邮 编:100084
      社 总 机:010-62770175   邮 购:010-83470235
      投稿与读者服务:010-62776969,c-service@tup.tsinghua.edu.cn
      质量反馈:010-62772015,zhiliang@tup.tsinghua.edu.cn
      课件下载:http://www.tup.com.cn,010-83470236
印 装 者:三河市国英印务有限公司
经 销:全国新华书店
开 本:185mm×260mm   印 张:6   字 数:139 千字
版 次:2021 年 4 月第 1 版   印 次:2021 年 4 月第 1 次印刷
定 价:36.00 元

产品编号:090395-01

前　言

笔者从事数字城市方面的研究已有多年,承担过多项数字城市方面的科研项目,其中包括山东省自然科学基金项目"数字城市三维景观再现机理研究"和山东省教育厅科研项目"数字城市中的遥感信息三维再现分析系统"等,发表了多篇关于数字城市方面的研究论文,并获得关于数字城市方面的山东省科技进步奖。

本书是笔者多年来从事数字城市研究的成果总结,书中包括许多创新和独到之处。内容主要包括数字城市的各种模型、数字城市的关键技术与技术创新体系、数字城市子系统的整合、模式识别技术的应用、三维景观模型的建模技术、三维景观立体化动态展示快速自动生成系统、虚拟现实技术的应用、视频创作、数字城市三维景观展示系统等。

本书在以下几个方面取得创新。

(1) 用模式识别技术对遥感图片的识别与处理。用图像处理和模式识别的观点,识别并定位城市中各种不同的地物,主要地物为道路、楼房、草地和树木等,并形成矢量图形数据。

(2) 建立三维景观模型。介绍数字城市三维景观建模的基本原理,研究数字城市的各种模型与技术创新体系,探讨各种地形、地物要素的建模技术与方法。

(3) 三维景观快速自动生成系统的研究与开发。研究将空中拍摄的遥感图像进行模式识别形成和存储矢量数据,读取数据绘制三维景观,动态显示三维景观等方法,并采用本书提出的方法,用 VC++ 、OpenGL 等编程工具编写程序,实现数字城市中三维景观立体化动态显示。

(4) 虚拟现实技术在数字城市中的应用研究,实现三维景观的真实再现。用计算机进行三维重建是当前的一个研究热点。用计算机进行三维重建的方法较多,但动态展示和交互式观察的方便程度和灵活性差别很大。通过深入地研究和试验,获得了动态展示和交互式观察的方便性和灵活性都很高的技术。该技术综合采用了 AutoCAD、3ds Max、Photoshop 等工具,实现了三维景观的重建与动态展示。

(5) 视频技术的应用研究。利用三维计算机动画技术,实现对建筑物内部和外部结构的显示,以及对虚拟建筑场景的漫游。研究动画技术在建筑业中的更深层应用,即利用合成技术来实现环境评估。利用该技术可评价所设计的建筑对周围环境的整体影响,这对城市规划和环境保护起着非常重要的作用。

本书由山东建筑大学计算机科学与技术学院的刘浩教授和山东财经大学管理科学与工程学院的王睿副教授合著。科研项目课题组的杨磊、孙晓燕、张海林等老师参与了部分章节的著述。本书对章节次序做了精心安排,层层推进、逐步深入,并对各部分做了通俗易懂的讲解,易于读者理解。

　　奉献给读者的这本书虽经反复修改,力求精益求精,并参考了国内外大量的文献资料,但仍可能有不妥之处,甚至错漏,恳请各位专家和读者提出宝贵意见,以便再版时将您的意见纳入书中,使本书成为一本更好的数字城市方面的著作。

著　者

2021 年 2 月

定稿于泉城济南

目 录

第 1 章
绪 论

1.1 数字城市的基本概念

数字城市,又称网络城市,或职能城市,更确切地说应是信息城市,它与园林城市、生态城市一样,是对城市发展方向的一种描述,是城市信息化发展的必然结果。

数字城市源于数字地球的战略构想。

数字地球是美国前副总统戈尔(Al Gore)1998 年 1 月在《数字地球:21 世纪理解我们行星的方式》的报告中提出的。该报告对数字地球的概念描述为:"一个可嵌入海量地理数据的、多分辨率的三维地球的表示"。也可以说,数字地球是对真实地球及其相关现象统一性的数字化重现与认识。由此可以看出,数字地球的核心思想有两点:一是用数字化手段统一性处理地球问题,二是最大限度地利用信息资源。

数字地球本质上是一个信息系统,一个超巨大信息系统。其特点有如下 7 个方面。

(1) 数字地球具有空间性、数字性和整体性,三者融合统一。

(2) 数字地球的数据具有无边无缝的分布式数据层结构,包括多源、多比例尺、多分辨率的、历史和现实的、矢量格式和栅格格式的数据。

(3) 数字地球具有可迅速充实、联网的地理数据库。

(4) 数字地球以图像、图形、图表、文本报告等形式提供服务,信息服务是其中最主要的任务。

(5) 数字地球采用开放平台、构件技术、动态互操作等先进的技术方案。

(6) 数字地球的用户可以用多种方式从中获取信息,无论生产者是谁,无论数据在何处。

(7) 数字地球的服务对象覆盖整个社会层面,无论是政府机关还是个体公司,无论科教部门还是生产单位,无论是专业技术人员还是一般民众,都可以找到所需要的信息。

数字城市是数字地球神经网络中的神经元。

从狭义上理解,数字城市是将真实城市以空间位置及其相关关系为基础组成三维的、数字化的信息体系。由于现代信息和通信技术已经渗透到城市的各个方面,既有基于空间信息的应用(如数字城市规划、数字市政工程等),又有非空间信息的应用(如电子化福利支付、网上工商、网上税务、网上影院、数字图书馆等)。从广义上理解,数字城市是指在城市的地理、生态、环境、科技、经济、社会、文化等领域,在城市规划、建设、管理、服务和生活的各个层面,充分利用数字化信息处理技术和网络通信技术,将城市的各种信息资源加以整合并利用的架构。数字城市不仅提供了全新的城市规划、建设、管理与服务的决策和调控手段,还为市民提供了享受数字化生存的环境。

数字城市一旦建成,将在城市规划、建设和管理、打击犯罪、防灾减灾、电子商务和城市可持续发展等方面发挥重要作用。

一般说来,数字城市的总体框架包括承载各类信息化应用的高速宽带城市信息网络(物理网络和公用信息平台),保障数字城市建设和运行管理的政策法规以及支持集成化应用的技术标准,涉及城市规划、建设、管理和生活服务等方面的一系列信息化应用工程。其总体框架如图 1.1 所示。

图 1.1　数字城市总体框架

数字城市实现的关键技术主要包括高分辨率对地观测技术、地理信息系统技术(包括真三维 3D-GIS、宽带网 WebGIS、虚拟 VR GIS 等)、3S(GPS/GIS/RS)一体化技术、空间一致性匹配技术、动态互操作技术、构件技术、分布式对象技术、智能代理技术、数据仓库技术、数据挖掘技术、海量存储技术、宽带网络(因特网-2)技术、虚拟现实技术以及资源、环境、灾害(水灾、旱灾、火灾等)、人口、气候、地理系统等方面的建模技术等。

1.2　数字城市国内外发展现状

国外的先进城市在建设数字城市、智能城市时结合自身特点制定了相应的发展目标和推进计划,并相继开始了"数字家庭""数字社区"和"数字城市"的综合建设实验,取得重要进展。下面简要介绍美国、日本数字城市建设的情况。

在美国,有很多城市都创建了效率很高的城市管理系统。其中包括纽约市的CompStat 和 CPR 系统,巴尔的摩市的 CitiStat 系统,亚特兰大市的 ALTStat 系统,旧金山市的 SFStat 系统等。这些系统以数据为驱动进行决策探究,绩效评估与追踪评估项目,其目标在于找到城市管理中存在的问题并执行有效方法来对城市管理工作开展绩效监督,并积极提升城市管理与公共服务的效率与质量。该城市管理系统在采集住房、交通、卫生等层面的数据发挥了重要的作用,并且创建了相应的统计数据,如该工作组每隔两个星期就要召开会议,各大行政单位负责人需要向市长等城市管理负责人汇报相关的工作业绩,市长办公室使用这些数据来辨别哪些单位在城市管理建设工作中处于落后的状态,并且需要对工作落后的单位提出一定的改进措施。

日本是世界开展数字城市建设较早的国家之一,通过几十年的发展,其在智能基础设施、智能社区、数字城市建设等方面取得了较好的成果,在应对气候变化、人口老龄化、资源能源日益紧张、大城市病等方面走在了世界前列,并步入高质量发展的道路。在政府推动、政策鼓励、资金支持等助力下,民间企业成为建设的主力军。例如,以三井不动产公司为区域开发主体建设的柏叶数字城市,以丰田公司为主创建的智能低碳示范小区,以松下公司为主建设的藤泽数字城市等。

《中国城市数字治理报告(2020)》(以下简称《报告》)从数字基础设施、数字行政服务、数字公共服务、数字生活服务四个维度对 2019 年度 GDP 排名前 100 位的城市数字治理水平进行了研究分析。杭州、深圳、北京、上海、武汉、广州、郑州、苏州、东莞、西安分列前10 名。

研究显示,杭州的数字行政服务、公共服务和数字生活服务等单项指标全面领先,总指数排名超越四大传统一线城市,位列全国第一。在针对 45 个城市居民的数字生活满意度问卷调查中,杭州市民的数字生活满意度同样最高。杭州是全国最早实现"扫码乘车"、电子社保卡全流程就医的城市,是全国首家跨境电子商务综合试验区,首个互联网法院也诞生于此。2019 年,杭州"城市大脑"从交通"治堵"拓展到各类民生服务中,区块链看病、无杆停车等均率先出现在杭州。自上而下植入的数字化基因促使杭州在此次疫情大考中交出了满意答卷,从杭州走出的健康码、消费券等数字化工具扩展至全国,为数字化抗疫作出了巨大贡献。2020 年 6 月,杭州市政府与阿里巴巴集团签署了深化合作协议,宣布加快建设"全国数字治理第一城"。

1.3　数字城市发展趋势

数字城市信息基础设施的规划与建设以及设计,可以表达信息基础设施完善程度的"数字覆盖率""数字分辨率""数字传输速率""数字鸿沟差异率",是任何一个城市进入数字城市的先决条件和战略准备。一个城市的数字化水平,首先取决于它的信息获取能力,以及与该能力有充分联系的信息产生、信息传递和信息应用等各个环节。数字城市信息基础设施的规划与建设,其中心始终围绕着城市对于信息获取总能力的持续提高。

对于一个高效、便捷、动态的数字城市建设而言,信息基础设施的规划居于战略基础地位,这事实上是一个联系着航天(外空间)、航空、地面、地下的立体网络,该网络通过各类传感器、调制解调装置、接收通道、应用终端、反馈系统、自动识别系统和虚拟现实中心等组成,各类信号(包括卫星信号)接收、图形图像处理、光纤传输网络、超大型计算机枢纽同常规的社会、经济、环境统计资料有机结合,形成数字城市信息基础设施规划的基本内容,其中包括不断更新的技术进步,不断提高的城市管理水平,同时还牵涉城市立法与决策的相应转换,从而为信息城市数字化水平的整体提高,绘制出高质量的发展蓝图。同时,数字城市信息基础设施的规划与建设作为最必要的战略准备,还必须针对每个城市的自身特点及城市的发展方向,严格地从空间布局、网络构建、数据处理、应用领域、信息安全和效能评估诸多方面,做出与传统城市规划相连接的整体思考。

1.4　数字城市研究的意义

数字地球,即信息化的地球,不仅是国家信息化的重要组成部分,而且为地球科学开创了前所未有的科学实验条件,为地球科学的知识创新和理论研究提供了科学实验基地。

与数字地球的概念相呼应,数字城市是近几年提出的一个重要概念。目前,各行各业纷纷开展数字化研究,各省市也相继开展"数字省""数字城市"的建设,成为一个研究热点。

城市是一个复杂的系统,时间和空间跨度很大,为对城市的情况进行描述,目前有飞机航拍、卫星遥感、城市规划图、现场观察等方式,这些方式有的分辨率不高,有的很费时间,获取的信息也有局限性。怎样方便地获取分辨率更高的图像和更多的信息呢?数字地球、数字中国的研究在国内外蓬勃兴起,目前已有 1m 分辨率的遥感照片,笔者认为以遥感照片为基础建立遥感信息三维再现分析系统是一个好方法。

建立数字城市三维再现系统,至少具有以下两方面的意义。

(1) 理论意义。建立了一个以遥感信息为基础进行三维再现的方法。有了这个方法,研究的范围可以从城市的一个局部扩大到一个城市。从遥感信息转化为三维信息的数学基础是数据变换,数字城市三维再现系统就是研究如何从遥感信息(包括俯视图、斜视图)经过数据变换,转化为三维的能多视角展示的计算机立体图像的方法。这在理论上有重要意义。

(2) 应用意义。提供任意角度的立体图像信息、数据信息,以及历史信息等,实现城市信息处理和调用的数字化、网络化、图像化,把城市图像、信息的处理和调用提高到一个新水平,从而为政府决策提供科学依据,为城市规划、地面建设、地下工程建设提供科学依据。

1.5　本书完成的工作

本研究项目完成的主要工作如下。

(1) 由遥感信息转化为三维计算机图像的方法。

研究遥感信息的矢量化及将航空照片、平面图形转化为三维计算机图像(三维建模)的方法,主要研究采用模式识别技术,经过数据处理,转化为三维的能多视角展示的计算机立体图像的方法。

遥感信息转化为任意角度的三维信息的数学理论基础是数据变换,本研究项目就是研究如何从遥感信息(包括俯视图、斜视图等)经过一系列的数据变换,转化为三维的能多视角展示的计算机立体图像的方法。

(2) 可视化和虚拟现实技术。

采用可视化和虚拟现实技术实现数字城市中的三维景观的真实再现。建立数字城市中的遥感信息三维再现分析系统以后,用户可以调出计算机中存储的图像和信息,对城市图像等进行多角度、任意角度的观察分析,获取有关的信息;还可以使用"用户界面"开窗放大图像,随着分辨率的不断提高,楼房、商店、街道,以及其他天然和人造景观将会显示得越来越清晰,并可以进入建筑物内部观察了解内部结构,使用户有身临其境的感觉;还可以显示城市地下管道的铺设等地下设施的情况,等等。

(3) 数据信息和文字信息的处理。

在该系统中,对应于各坐标的数据信息和文字信息进行了输入和处理。这样,该系统不仅能够显示图形、图像信息,还能够显示对应于图像各坐标的地理位置信息和一些历史信息。

项目综合研究以遥感信息为基础进行三维再现的方法,研制开发数字城市遥感信息三维再现分析系统,实现高精度坐标的图像重建,将航空照片、平面图形和遥感转化为计算机三维深层信息再现。通过大量的理论和实验研究,数字城市中遥感信息三维再现系统,解决了遥感信息和平面图形信息量小等问题,成功地实现了遥感信息的三维动态显示,并达到非常理想的效果。

第 2 章
数字城市的各种模型

2.1　数字城市驱动力模型

物质、能量和信息是客观世界的三大特征,也是城市的三大特征。"城市是物质、能量和信息的聚集与扩散的中心和辐射源"。信息是由物质、能量产生的,并依附于物质和能量而存在,但信息又具有独立性,它可以进行运算和表达。同时,信息流还决定了物质流和能量流的流向、流速和流量。"信息与信息技术促进了城市物质财富的快速流动,在流动中实现全球化和增值。"

数字城市驱动力模型如图 2.1 所示。

图 2.1　数字城市驱动力模型

信息流是城市运行的主要驱动力,它决定了城市的物流、能流、资金流和人才流的流向、流量和流速。信息流是一种数字产品,它可以通过通信网络进行传输。

2.2　数字城市层次结构模型

数字城市的层次结构模型是数字城市构件的基础理论。数字城市在总体上包括基础设施层(包括通信层、数据层)、管理层、服务层和应用层三个层次,如图 2.2 所示。

通信层是数字城市的物理基础,也是各个城市信息化建设的重点。通信层的目标是要建立城市的宽带城域网。

数据层的任务是建立支撑数字城市运行的基础数据库系统,包括城市基础数据库、城市空间信息基础设施、城市人口信息库、城市组织机构信息库、城市经济信息库、政府法规信息库、各行业各领域的专业管理信息数据库等,"数据层数据库是数字城市的信息化资产和资源"。

管理层完成对数字城市信息化资源和资产管理工作,包括信息数据资源的管理、集成与融合,"在技术上,主要通过数字分布式元数据系统完成信息数据资源的管理,通过地理编码与地址匹配完成空间数据与非空间数据的集成与融合"。

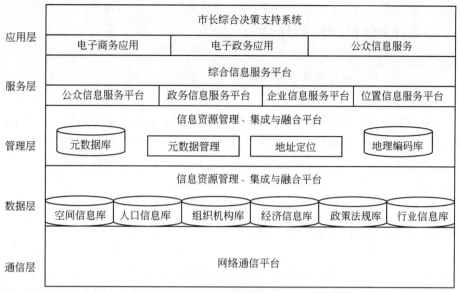

图 2.2 数字城市的层次结构模型

服务层在管理层的基础上,整合数据层的信息数据和资源,提供公众信息服务平台、政务信息服务平台、企业信息服务平台和位置信息服务平台 4 个方面的服务应用平台,为应用层提供基础的公共应用服务。

应用层是数字城市建设的终极目标,在服务层的公共应用服务平台的基础上,为政府、企业、公众、首脑机关提供个性化、多样性的信息数据资源与应用的共享及互操作服务,构建不同层面的城市数字神经系统。

2.3 空间信息模型的建立

数字城市建立城市信息模型,该模型将城市里每一角落的信息进行收集、整理、归纳,并且按照城市地理坐标建立完整的信息模型,用网络联结起来,从而使城市中的每个人都可以快速、完整、形象地了解全市宏观和微观的各种情况,并充分发挥这些数据的作用。

按照地理学原理,空间信息模型的建立将空间对象依层次分为 8 块:现实世界、概念世界、地理空间世界、尺度世界、项目世界、点世界、集合世界、地理要素世界。在此基础上再结合面向对象方法,就能建立一个比较完备的空间信息模型。

依据地理信息区域分布性、数据量大、信息载体的多样性以及 GIS 的特点,可建立如图 2.3 所示的三层概念模型。

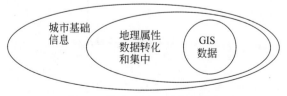

图 2.3 数字城市空间信息模型

2.4   空间信息的表示方法

空间信息的表示方法分为集合要素的表示、空间信息的组织方式、空间信息的图层表示以及平面图的图层融合。

也就是说,对于现实中的地理个体,根据它所包含的要素,如点、线、面等,以一定的方式组织(建立拓扑结构)起来,成为所要处理的图层。为了某个系统处理目标,不同的主题图层又需要叠置融合,从而得到能够真实、直观反映客观现实的完备的城市模型,方便用户分析处理。

2.5   数字城市的结构框架

从图 2.3 数字城市空间信息模型可知,信息的流动分 3 个层次。首先通过基础数据收集,包括不同时间和空间的矢量数据、属性数据、数字高程模型(DEM)数据、地形数据、影像数据以及其他数据等得到海量信息;其次依据一定的标准对数据进行标准化,并且根据实际需要从海量数据中抽取最新的和最需要的综合数据,即数据分层;最后将信息传至GIS 平台上进行处理。

由此提出数字城市基本框架图,如图 2.4 所示。

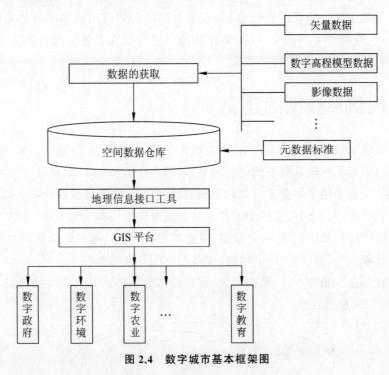

图 2.4   数字城市基本框架图

第 3 章
数字城市的关键技术与技术创新体系

　　数字城市、数字地球涉及地球系统科学、计算机科学、地理信息系统、遥感、全球定位系统、通信、宽带网络、虚拟现实、数据库系统等学科和技术。具体地说,涉及地球空间数据获取、地球空间数据的存储和处理、超媒体空间信息系统、地理信息的分布式计算、空间数据仓库、无级比例尺数据库、空间数据融合、虚拟现实技术、通信、计算机网络以及元数据(metadata)等。

　　数字城市,即城市信息数字化,产生的数据必定为海量数据,如此庞大的数据,只能采用大容量的分布式存储、数据仓库等数据存储技术进行存储。而要实现共享,使用计算机及网络通信技术是必不可少的。另外,卫星遥感(RS)技术、全球定位系统(GPS)、地理信息系统(GIS)、虚拟现实(VR)技术等也是获取信息来进行三维模拟的技术关键。

　　最关键的是元数据标准和空间数据仓库,这两方面的技术涉及数字城市的信息流通、共享和上级领导的决策和分析。

3.1　数字城市的关键技术

3.1.1　元数据标准

　　数字城市的实现需要解决的一个关键问题是空间信息共享,但真正地实现空间信息共享具有相当的难度。传统的地理信息系统从体系结构到数据格式都有着封闭的特点,不同的地理信息系统,数据存储格式不同,针对不同的应用,人们关心的属性也不同。

　　由此可知,要想实现空间信息共享,还要依赖于一种特殊的数据——元数据,以及对空间数据的格式、精度等属性描述的数据。而元数据的标准有多种。比较典型的有美国联邦地理数据委员会(FGDC)的空间地理元数据内容标准(Content Standard for Digital Geographic Metadata,CSDGM)、美国航空与航天局(NASA)的目录交换格式(Directory Interchange Format,DIF)、美国国际地球科学信息网络中(CIESIN)的元数据标准、英国的 Dublin 核心元数据标准、澳大利亚和新西兰 ANZLIC 的元数据核心元素标准,以及国际标准化组织制定的《地理信息——元数据标准》(TC211/15046-15)等。我国制定了标准《城市地理空间信息共享与服务元数据标准》(CJJ/T144—2010)。

3.1.2　空间数据仓库

　　空间数据仓库(space data ware house)是数据仓库(data ware house)的一种特殊形

式,是 WebGIS 的核心技术之一,其是在网络环境下,实现对异地、异质、异构不同源数据库中地理空间数据、专题数据及时间数据的统一、整合、集成处理,形成用户获取数据的共享操作模式。

要建成数字城市,整个城市的信息从矢量数据到 DEM 数据、影像数据,且都是海量的,而把这些数据利用起来,进行空间分析和决策,必须建立空间数据仓库。空间数据仓库利用多维分类机制组织大量的空间数据,建立三维或多维数据模型。维的数目根据需求来确定。地学查询一般按照时间维、空间维、主题维(属性维)来组织数据,即三维。

3.1.3　海量数据的快速处理与存储技术

由于单个计算机的 CPU 速度存在上限,海量数据的快速处理依赖于建立在多指令流、多数据流并行计算机基础上的并行处理算法。海量数据的存储主要依赖于分布式存储系统。

数字城市所需的信息不仅是遥感信息,还包括非遥感信息,例如空间图形数据和属性信息、遥测和其他方法所获得的信息,信息量巨大。这些海量信息需要进行检查或校正等处理后才能应用,尤其遥感信息需要进行快速光谱辐射校正、几何校正、影像增强和特征提取等处理。不仅如此,要满足用户要求,还必须实现快速存储和检索。

当前的技术关键在于能够将获得的遥感数据直接通过计算机进行各种处理,并进行人机交互分类。将遥感图像分类和特征提取中的疑点和难点经专家用光笔直接在屏幕上进行分类、划界、输入计算机进行存储,用户通过查询和检索可快速获取这些信息。

不论处理、存储还是检索等,都要求快的响应速度。因此要求有超大型的计算机来完成这样的任务。

分布式数据库及分布式存储的建设是数据管理的趋势。不同部门、不同行业、不同地区应分别建立自己的数据库,不但为了应用的方便,而且也为了数据采集、数据更新和数据处理与管理的方便。不同专业的数据库应由不同专业的部门建设和管理,这样才能发挥各自的特长,避免集中式系统带来的管理困难和网络拥塞。就 NASA 来说,它有 12 个数据中心,约 50 个数据库。

并行计算通常是指一个任务的各个部分并行,同时进行计算,而不是顺序地执行。这种计算要求各部分的数据相关性小。如果各部分有前后的因果关系,即一个部分的计算结果(输出)必须作为另一部分的输入,则不能进行并行计算。在图像处理中,通常一幅图像的各部分的相关性小,没有时间上的因果关系,可以作并行处理。在地理空间信息处理中,也有很多情况可以用并行处理方法。

并行计算可以在高性能并行计算机系统上进行,也可以在分布式计算机系统上进行,下面介绍这两种计算机系统。

(1) 高性能并行计算机系统通常由多个 CPU 进行紧耦合,通过总线或交叉开关共享存储器,这种处理机系统属于多指令流、多数据流(MIMD)结构范畴,可形成大型机和巨型机,例如我国研制的曙光一号并行计算机。另外,大规模并行处理巨型机(Massively Parallel Processing Super Computers,MPP)由一组相对并不昂贵的 CPU 构成,一个高速互联网络将它们组成一个单元,利用一套系统应用软件使这些器件像一个系统那样运行。MPP 能够提供强大的计算能力,已经成为高速科学计算的主要硬件平台,是巨型机的发展方向。

(2) 分布式计算机系统是多个分散的计算机经互联网络连接而成的多计算机系统。其中,各个资源单元(物理或逻辑的)既相互协同,又高度自治;既能在全系统内进行宏观资源管理,动态地进行任务分配或功能分配,又能并行地运行分布式程序。分布式处理系统具有模块性、并行性和自治性。分布式计算机系统是多机系统,特别是并行处理系统的一种新形式,是计算机网络技术领域迅速发展的一个方向。由于微机的性能价格比优于大型机,将若干台微机构成分布式多机系统,采用分散处理的方式取代集中式大型主机结构,开拓了计算机应用的新途径。

此外,还有神经网络计算机。神经网络计算机为第六代计算机,与传统计算机相比,其特点有大规模并行分布处理;高度的容错性,任何局部错误不会影响整体结果;具有适应性,自学习能力,具有思维联想能力。

对于数字城市的海量数据的处理,要充分利用上述这些计算机体系,研究并行处理算法,如研究基于 MIMD 的遥感图像处理算法等。

地理空间数据量巨大,纳米技术、激光全息存储、蛋白质存储等方面的研究也已有了较大的进展。

3.1.4　高速计算机信息网络技术

海量数据的存储需要分布式数据库,部门对信息的应用及相互合作需要信息共享。分布式数据库需要高速计算机信息网络的连接才能实现充分的共享。随着社会经济的全球化,资源环境的监测、预报及研究的全球化,信息共享与合作都需要高速计算机网络来实现信息的交流。为使数字地球服务于社会各领域,甚至服务于每个人,必须有高速网络才能实现海量数据的传输。

高速计算机网络,即国家信息基础设施的通信网络,可分为有线网络和无线网络两大类。

有线网络是电缆或以光纤组成的光缆与通信设备和计算机共同组成的网络系统。个人计算机通过连接音频和视频设备等形成多媒体综合计算机,通过网络设备与光缆或电缆相连接,使计算机中的多媒体信息组成的一个个数据包或信息包在光缆上传输,如同高速公路上的车辆一样川流不息。数据包或信息包经过一个又一个网络节点驿站在网络中流动。每一个节点驿站都有路由信息,通过网络协议进行路由选择和传输,同时进行信息分流或加入。有线光缆可以分为窄带光缆、宽带光缆、波分光缆等。

第二代因特网(Internet Ⅱ),即宽带网络是美国 100 多家大学组成的合作群体的智慧产物,计划要以比因特网快 100~1000 倍的速度传递信息。它以每秒 600 兆比特以上的速度传递分布式数据库中的信息。这种速度足以在不到一秒钟的时间内传输一部百科全书。由 34 所大学组成的"高级因特网公司"的总裁范豪威灵博士指出,因特网距离真正的信息高速公路不远了。

新的通信网络,即采用波分复用技术的网络(WDM),可以不用铺设新的光缆,就能增加现有网络的带宽。该技术在同一条光缆上,同时发送不同波长的光信号。每一个波长光信号形成一条能够运载各自信息流的独立通道。采用密集波分复用技术,在同一条光纤上可以传输多达 80 个波长的信号。

由于有线网络技术受到光缆敷设的限制,它只适宜在经济发达地区和人口稠密地区使用。对于大洋、大沙漠、大山、大森林等人员少的地区,铺设光缆不便,也不经济,采用无线网络技术是最佳选择。

3.1.5　超媒体与分布式空间信息系统技术

数字地球系统的主要任务之一是要实现数据或信息的共享和发布。遥感技术是获取数据和更新数据的主要手段;分布式数据库、信息系统与高速计算机信息网络为信息共享创造了条件,而互操作是实现共享的关键技术之一。地球信息的互操作需要通过网络GIS(如 WebGIS,ComGIS)以及互操作规范(OpenGIS)实现。WebGIS 与 ComGIS 是针对同构系统(即相同的软件平台)的分布式信息系统的数据、软件及硬件等资源的共享和互操作。不同软件平台(如 ARC/INFO 与 MAPINFO)之间,即异构系统之间的互运算、互操作可以通过 OpenGIS 规范实现。OpenGIS 是开放 GIS 标准和规范。下面介绍超媒体网络 GIS 技术(WebGIS)和构件式 GIS(ComGIS)。

1. 超媒体网络 GIS 技术

Web 是 1989 年欧洲高能粒子协会(CERN)为在网络上传送文字、图形、影像和音频数据而开发的超媒体服务系统。而 GIS 系统出现较早,已经过几个不同的发展阶段。

在早期只有一台主机和少数终端以及单一的数据库的 GIS 系统中,主机是系统功能的中心,用户通过终端共享主机的 CPU 能力、数据与外设等资源,由主机进行各种数据处理;PC 机出现后,基于 PC 机的 GIS 没有多个终端,全部功能集中在单机上进行;局域网 GIS 是由多台主机、多个数据库与多个终端组成的网络系统,它以服务器(servers)为中心,在网络管理软件的支持下,不同用户可以共享系统资源及处理能力,但系统内部基本上处于独立运行状态,相互之间几乎没有协同工作的方式和能力;WebGIS 是由多主机、多数据库与多台终端,通过 Internet/Intranet 连接而组成的。实际上,WebGIS 是由多主机、多数据库与多台终端,并通过 Internet/Intranet 连接大量的、分布在不同地点的不同部门的独立的 GIS 系统组成的。

WebGIS 为客户/服务器(client/server)结构。客户机具有获得信息和各种应用的功能,服务器具有提供信息或系统服务的功能。

WebGIS 由 4 部分组成:WebGIS 浏览器(browser)可以通过 Web 服务器连通到任何地点的另一个数据服务器上,读取各种多媒体空间信息;WebGIS 信息代理(information agent)是空间信息网络化的关键部分,主体(agent)是信息代理机制和信息代理协议,提供直接访问数据库的功能;WebGIS 服务器能解释中间代理请求及操作数据库服务器,实现浏览器和服务器的动态交互;WebGIS 编辑器(editor)具有可视化、交互式、多窗口的功能,能建立 GIS 对象、模型和进行空间数据的编辑及显示。

开发 WebGIS 的工具有 Java、AcitveX 等。Java 是 Sun 公司专为因特网设计的计算机编辑语言;ActiveX 是微软公司专为因特网制订的技术标准。WebGIS 具有分布式处理、分布式数据库和分布式应用的功能以及跨平台、跨网络、全球化、大众化的特征。

面向对象的超媒体网络 GIS 是 1997 年 6 月出现的一种面向分布式对象的 Web 方案。基于面向对象的超媒体网络规范的 WebGIS 称为 Object WebGIS,是 GIS 发展的新方向,它避免通用网关接口形成的瓶颈,允许客户机直接调用服务器,这样方便操作,也加快了速度。

WebGIS 简单的交互方式虽然可以实现网络环境中 GIS 简单的通信,但无法满足频繁交互、复杂分析和动态变化的应用要求,而 Object WebGIS 可满足这种要求。其关键是将分布式对象和对象代理方法引入 WebGIS,解决了 WebGIS 的地学应用问题,提高了WebGIS 的功能。分布式对象方式正在成为分布式应用系统研究、开发的指导思想。

2. 构件式 GIS

比尔·盖茨于 1997 年提出:"组件式软件技术已经成为当今软件发展的趋势之一。基于组件开发是软件开发的一次革命。基于组件开发不只是一种新的分布式的计算方法,而是一种广泛的体系结构,支持包括设计、开发和部署在内的整个生命周期的计算概念。"

构件式 GIS(Component GIS,ComGIPS)是指基于组件对象平台的、一组具有某种标准通信接口的、允许跨语言应用的由软件构件组成的新一代的 WebGIS,是 WebGIS 的发展方向。它具有很强的可配置性、可扩展性、开放性、使用更灵活性和二次开发更方便等特征。ComGIS 是面向对象技术和组件式软件技术在 GIS 软件开发中的应用。

软件构件思想和构件对象是指含有数据及其操作方法的独立模块,是数据和行为的统一体。每一个对象具有唯一的标识,表明其存在独立性;一组描述特征的属性,表明对象在某一时刻的状态,一组标志表示行为的方法和可以改变的对象,一旦构件对象被创建,就可以反复使用。构件具有如下特点。

(1) 构件对象的抽象性。抽象是指对象的数据是隐含的,对象的使用者不可以直接存取对象的数据,必须通过对象的接口。

(2) 构件对象的多态性。多态是指一个客户可以以同样的方式访问或处理若干不同的对象,而这些对象可以有正常的表现。

(3) 构件对象的继承性。对象按分类体系可划分为类、亚类、子类等,具有层次关系和树状结构,上层对象所具有的属性和特征可以延续到下层对象,从而免除信息的冗余。

(4) 构件对象的接口。构件对象间的交互是通过对象支持的接口交互使用对象的功能,每个构件支持一个或多个接口,而每个接口可以支持实现若干方法。接口是指不同对象间的通信手段。每个接口都有自己唯一的标识符,一个接口可以继承另一个或多个接口。

(5) 构件对象的隐蔽性。即构件对象是封装的。

GIS 在发展过程中,经历了由集中式模式到分布式模式,即由主机终端系统到局域网系统;从简单的客户/服务器到多层客户/服务器,从局域网到广域网以及 Internet/Intranet 的连续发展过程。即从单机 GIS 发展到 LANGIS(局域网 GIS);从 LANGIS 发展到 WANGIS(广域网 GIS)和 WebGIS(超媒体网络 GIS);从 WebGIS 发展到 Object WebGIS(面向对象的超媒体网络 GIS)、ComGIS(构件式 GIS)。GIS 系统发展过程如表 3.1 所示。

表 3.1　GIS 系统的发展

版本的发展	单机 GIS	LANGIS	WANGIS、WebGIS	Object WebGIS	ComGIS
功能描述	简单 C/S	多层 C/S	Internet Web	面向对象技术	组件式软件技术

3.1.6　空间数据仓库模型与数据挖掘理论研究

空间数据仓库模型与数据挖掘理论研究分为研究现状和研究内容两方面进行介绍。

1. 研究现状

基于数字地球的应用具有数据量巨大、包含多维空间属性和时间属性及相关的特殊操作等特点。对数字地球的数据进行系统的整理、管理和深入的分析是数字地球基础研究的一个重要内容,是数字地球的基础研究及应用的重要前提之一。

具体来说,数字地球的空间数据仓库模型与数据挖掘研究理论的研究目的是综合运用数据库系统、统计学、人工智能、机器学习、模式识别等领域的理论和研究方法,深入研究以虚拟地球为对象的空间数据仓库模型与数据挖掘理论,建立空间数据仓库、空间数据联机分析和空间数据挖掘的基础理论框架及三者有机集成的基本原理,探索有效可行的关键技术,为数字城市的基础研究和应用提供前提和有力的支持,为空间信息的开发运用提供理论和核心技术。

数字城市的空间数据仓库模型与数据挖掘理论研究具有重要的理论意义和深远的应用潜力和价值。具体来说,至少包含如下 3 方面。

(1) 空间数据仓库模型与数据挖掘理论是空间信息资源开发的重要支柱。大量的调查研究和预测表明,空间信息资源将成为备受重视的关键战略资源,对空间信息资源的开发将在一定程度上影响一个国家的综合实力,决定一个国家的竞争力。

(2) 我国将大力进行空间信息资源的开发,发展国土资源信息化和空间信息交换,而空间数据仓库模型与数据挖掘理论的基础研究是一个必不可少的前提。

(3) 大规模的空间信息的深入分析能力对未来的自然资源开发与利用、自然灾害预测与防治、国防与战争、国民经济建设与管理、政治、空间开发等多个方面都是至关重要的,而空间数据仓库与空间数据挖掘是对大规模空间信息进行深入分析的主要途径。

20 世纪 90 年代以来,以美国为首的发达国家积极开展数据仓库技术、数据挖掘技术和空间信息处理技术的基础理论研究和应用研究。进入 90 年代中期以后,更进一步加强空间数据仓库、空间数据联机分析和空间数据挖掘的研究。美国启动了一个空间信息处理项目(Earth Overview System,EOS),2003 年实现了细粒度地监测地面每平方公里发生的情况,该项目对巩固美国在全球的竞争优势具有重要的作用。该项目的主要组成部分之一就是空间数据的联机分析与挖掘技术的研究。IBM 的 Almenden 实验室、北美和德国的一些大学的实验室在这个领域的研究中处于领先位置。

2. 研究内容

空间数据仓库模型与数据挖掘研究的主要内容包括如下 5 项。

(1) 支持数字地球的空间数据仓库模型与体系结构,根据虚拟地球对多维度和时空特性的要求,研究如何运用数据仓库技术高效地支持以虚拟地球为对象的基于数据分析的数据挖掘,主要包括如下 4 方面:

- 空间数据仓库的概念模式;
- 空间数据仓库的存储模式;
- 空间数据仓库的设计模型;
- 空间数据仓库的体系结构。

(2) 支持数字地球的空间数据联机分析处理技术,根据数字地球的联机分析要求,研究如何高效地进行空间数据的联机分析,主要包括如下两方面:

- 空间数据 cube 的高效计算方法;
- 运用空间数据 cube 的联机分析处理技术。

(3) 支持数字地球的空间数据挖掘技术,根据数字地球深层次数据分析和知识获取的需要,研究如何高效地进行与空间有关的数据挖掘,主要包括如下 4 方面:

- 空间数据关联分析;
- 空间数据聚集分析;
- 空间数据分类算法;
- 空间数据联机集成挖掘。

(4) 空间数据仓库和空间数据联机分析的因特网发布,研究把空间数据仓库中的信息和空间数据联机分析、空间数据挖掘的结果通过因特网进行发布,主要包括如下两方面:

- Web 空间数据仓库的模型与机制;
- 基于 Web 的联机空间数据分析处理。

(5) 空间数据仓库、数据联机分析处理和数据挖掘的原型研制,把有关基础理论和技术的研究成果用原型加以检验和集成,为产业化奠定基础,主要包括如下 3 方面:

- 基于三层客户/服务器体系结构,面向 Web 和客户端浏览器应用的空间数据仓库原型;
- 基于 Web 的联机分析处理系统原型;
- 空间数据联机集成挖掘工具原型。

空间数据的知识挖掘(knowledge mining),也称数据挖掘(data mining),是数字地球科学中计算科学的主要内容之一。空间数据的知识挖掘是指由已知的空间数据经过分析、对比或其他处理来产生新的空间数据,或新的空间知识的过程。空间数据的知识挖掘是一种计算机分析方法,包括空间数据的深层挖掘、空间数据的关联分析、空间数据的聚集分析、空间数据的分类算法、空间数据的联机集成挖掘、知识模型、知识代理结构模型及智能技术等方法。由于这是一种全新的科学计算方法,尤其是与空间数据相结合,因此存在着许多不完善之处,尚待进一步研究。

空间数据的知识挖掘与智能性的研究内容主要包括如下 6 项。

(1) 空间数据的深层挖掘。

有些空间数据除了显露的或明显的含义外,还有丰富的隐含的意义,需要通过分析或挖掘才能显示。例如,数字高程模型(DEM)属于最常见的空间数据,它除了反映高度(程)状况的知识外,经过分析,它还具有或荷载了地质岩性与构造方面的知识。

对于数字高程模型来说,它反映的高度状况是显露的知识,而它反映的地质岩性与构造等隐含的知识,则需要经过挖掘才能认识。同样,以土壤域植物来说,它们的种类或类型是显露的知识,容易认识;但它们还反映了气候状况的知识,需要通过挖掘才能获得。

(2) 空间数据的关联分析。

有些空间数据的隐含的知识需要通过关联分析后才能获得,即它不可能从单个类型通过挖掘而获得,而是需要通过若干个不同类型的物体的组合关系,经关联分析后才能获得隐含的知识。

如对遥感影像分析时,位于河边的建筑物可能是码头(河与建筑物相关联),位于山顶的建筑物可能是天文台(山顶与建筑物相关联),这样的例子很多。又如铁路、公路一定有车站,道路过河一定有桥梁或渡船,学校一定有操场(至少多数学校有操场)等都是关联分析的知识挖掘。

(3) 空间数据的聚类分析。

空间数据的聚类分析具有如下 3 层含义。

① 某些不同属性的空间数据之间差别不大,单类难识别,只有将它们放在一起进行对比分析,才能区别。如马尾松与油松,外形相似,只有将它们对比后,才发现它们的针叶有长有短,虽然差别不大,但是有差别。

② 在遥感影像上判别一条河流是否发生了洪水,单凭一个时相的影像难以确定,需要通过与枯水期、平水期的影像进行对比分析,叠加比较才能得出结论。

③ 一般图像处理或模式识别中的聚类分析的含义。

(4) 空间数据的分类算法。

在遥感影像的模式识别或自动分类中使用的算法,包括最小距离分类、相似分类、线性判别分析;最大自然比分类、比较识别分类及集群分析等算法,都可以认为是知识挖掘方法。

(5) 空间数据的联机集成挖掘。

在 WebGIS、ComGIS 环境与 OpenGIS 规范的支持下,对分布式的数据库与信息系统进行集成挖掘。一种是 WebGIS、ComGIS 正常运行过程中的知识挖掘,另一种为了进行空间数据的知识挖掘而进行的,特别从分布数据库或信息系统中进行提取所需的数据进行关联分析、聚集分析和各种分类算法,以达到知识挖掘的目的。

(6) 空间数据的知识挖掘的智能代理。

在空间数据的知识挖掘过程中,一般要用如下的方式。

① 知识模型。大多数的空间数据的知识挖掘具有知识模型的特征,如空间数据DEM 的数据挖掘,需要有关知识,需要建立 DEM 知识挖掘的模型,主要是概念模型或物理模型,如 DEM 与岩性的关系、与构造的关系、与地貌的关系、与气候的关系及与土地利用的关系模型等。

② 知识代理结构模型。

③ 智能技术。

3.2　数字城市技术创新体系

数字城市的建设涉及基础库建设、城市信息资源的管理、集成与应用、数据与应用的共享及互操作等多个层面。作为一项国家战略,数字城市建设将促进如下几方面的技术创新,增强国家的科技实力。

(1) 城市基础空间数据生产、管理、更新与服务的实用化、产品化与产业化,城市基础空间数据以及城市空间信息基础设施是数字城市的数据基础和核心。数字城市的建设将促进城市大比例尺空间数据产生、管理、更新与服务技术的实用化、产品化和产业化,促进我国全数字空间数据生产的技术进步,加速技术的实用化、产品化以及城市空间数据生产服务的产业化。

(2) 城市空间数据基础设施的标准化与规范化。长期以来,城市空间数据存在多头采集、生产、更新体系。测绘、规管、房管、土地、市政等部门重复生产,彼此数据格式、信息编码、精度要求等互不兼容,造成极大的浪费。数字城市的建设将促进城市空间数据基础设施的标准化与规范化,融合多方资源,完善城市空间数据基础设施生产和更新体系,从技术、体制两方面保证城市基础空间数据的共享与互操作,减少低层次的重复建设与浪费。

(3) 分布式异构数据的管理、共享与互操作。数字城市的数据层,包含城市基础空间数据、人口信息数据、组织机构数据、经济信息数据、政策法规数据、各行业各领域的业务数据等多个层面的数据,数据量巨大。这些数据分布在不同的部门,由各自的应用系统更新和维护。为了实现这些数据资源的共享与互操作,必须有一种方法能对这些数据资源进行有效的集中管理,数字城市的建设将促进以元数据为核心的分布式已构空间数据的管理、共享与互操作方面的技术创新。

(4) 异构多源数据的集成与融合。数字城市建设以城市基础空间数据为基础,通过地理编码与地址匹配实现空间数据与非空间数据的集成与融合,赋予非空间数据以地理空间参照概念,以支持非空间数据的空间分析与决策。数字城市的建设将促进基于地理编码与地址匹配技术的异构多源数据的集成与融合方面的技术创新,促进地理编码与地址匹配技术的实用化。

第 4 章
数字城市子系统的整合

4.1 "数字城市"子系统整合的工作模式

"数字城市"中包含大量的子系统。住房和城乡建设部《数字化城市管理系统建设方案》规定的九大核心子系统包括无线数据采集子系统、监督中心受理子系统、协同工作子系统、地理编码子系统、监督指挥子系统、综合评价子系统、构建与维护子系统、基础数据资源管理子系统及数据交换子系统。数字化城市管理将城市管理与新型信息化技术相结合,其中较为典型的就是移动通信技术。城市的信息传播、资源配置与流动都要依托数字技术,实现城市子系统之间的协调互动。

整合这些子系统的目的是实现资源共享与工作流程一体化。考虑到子系统整合的一般要求,可以将子系统整合的工作模式分为基于基础信息共享的整合、基于专业信息利用的整合和基于工作流的整合 3 种工作模式。

基础信息是指"数字城市"中每个子系统都将涉及的空间基础数据,包括行政区域、街区、道路、桥梁、河流等。由于这样的信息量非常大,获取成本也非常高,集中对这些基础信息进行获取与维护,使各子系统共享使用,将是"数字城市"建设的必经之路。通常采用两种方法:一种是由专业部门负责基础数据的建设与维护,并及时对外发布新的数据版本;另一种是建立一个集中的数据库用以存储基础信息,各子系统通过在线访问方式获取该数据库的相关信息。

专业信息是指各子系统单独拥有的信息,例如,地籍管理部门拥有的地籍信息,户籍管理部门拥有的每户门牌号及人口信息。这些信息通常是部门的私有资源,但其他部门往往也需要使用这些信息。对于这样的信息,一般需要以定期发布数据的方式提供,但在特殊情况下,也需要以有条件的、局部在线的形式提供。

应该看到,在线访问信息是最为理想的资源共享方式,目前相关的技术问题,如安全问题等已基本解决。所以,对应于基于基础信息共享的整合模式和基于专业信息利用的整合模式,该研究均假定子系统可以在线获得相应的信息。

"数字城市"可以加快推进城市运行"一网统管"。以"一网统管"为支撑,加强智慧公共安全建设,推动新一代信息技术在监测预警、城市安防、打击犯罪等领域深度应用。建设全要素生态环境监测网络,提升生态资源数字化管控能力。建设"规建管"一体化系统,实现从城市规划、建设到管理的全生命周期、全过程、全要素、全方位数字化智慧监管。建设应急指挥管理平台,提升应急指挥管理、突发事件处置能力。加强"互联网+监管"建设,提升科学化监管水平,拓展升级数字城管系统,提升城市精细化管理服务水平。

4.2　城市道路相关子系统的整合

为了研究"数字城市"子系统整合的规律和相关技术,首先以少数子系统的整合为对象,进行系统的分析研究。下面就城市道路相关子系统的整合进行研究。

4.2.1　城市道路管理新模式的建立

城市道路管理涉及的部门和公用事业企业(以下简称部门)较多,包括上水、下水、热力、煤气、电信等管网系统的部门和路面交通设施的部门。以北京市为例,主要的相关部门包括市政管理委员会、市政工程管理处、公安交通管理局、自来水公司、煤气公司、供电局等。各个部门之间关系紧密,除了存在申报、审批的工作关系外,还存在大量的协同工作。例如,进行道路改造时,上水、下水、煤气等相关部门需要协同道路施工部门进行施工。

由于各部门大多数信息均与地理信息有关,不少部门已利用地理信息系统等高新技术建立了本部门的管理信息系统。但是,这些系统相互独立,各部门之间的协同工作主要还是通过纸介质进行信息交流与传递。基于纸介质的协同工作,对于处理分散的、海量的地理信息,不仅费时费力、处理速度缓慢,而且获取所需的相关专业信息也较为困难;基于纸介质进行协同工作的局限性还表现在,城市道路公用基础信息不能被各部门共享,基础信息不能统一更新,导致一些部门信息滞后,难以满足协同工作的需要;基于纸介质的协同工作也不利于对历史数据的统计和查询。

基于对目前城市道路管理现状的分析和对当前新的信息技术的把握,笔者通过对城市道路综合信息化管理的相关机制和业务模型的研究,建立了城市道路综合信息化管理系统的基本框架,如图 4.1 所示。其中,道路管理中心的建立是本框架得以实现的前提条件,该机构的作用是根据相关部门共同制订的规则来促进信息共享与利用。

该框架的特点是在道路管理中心设置中央服务器,安装中央管理系统及基础地理信息,用于基础地理信息的共享和多方协同工作的管理;在各方设置外部应用服务器,安装局部服务系统,用于有条件地对外(包括中央系统)提供专业信息;各部门用户在处理涉及多方的业务时,需从中央系统进入,系统将根据道路管理中心既定的规则,对业务流程进行自动引导,帮助用户获取相关信息。

通过利用本框架,各部门既尽到了有条件地开放部分信息的义务,又可以享受由此带来的能够在必要的时候迅速获取其他部门的相关信息的便利。这样一来,既可以解决基础地理信息共享、部门相关信息集成的问题,又可以保护部门内的私有数据;同时,利用中央系统可以对工作流程进行管理,协调部门间的协同工作。

4.2.2　原型系统的开发

根据上述基本框架,笔者综合应用 WebGIS 技术、工作流技术、网络安全技术等信息

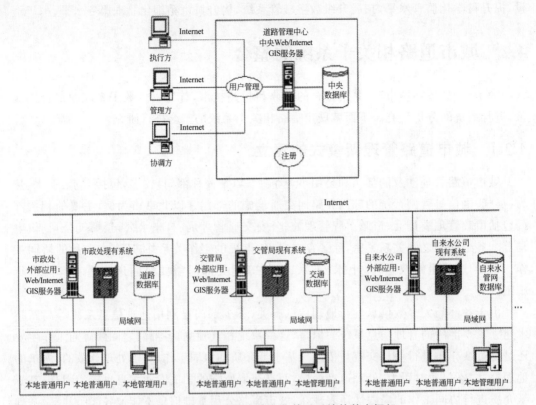

图 4.1　城市道路综合信息化管理系统的基本框架

技术,构建了支持城市道路相关各方协同工作的信息化管理平台——城市道路综合信息化管理原型系统(Urban Road Information Management System,URIMS)。

该原型系统涉及的关键技术如下。

(1) 工作流技术。工作流是一类能够完全或者部分自动执行的经营过程,它根据一系列过程规则,使文档、信息或任务能够在不同的执行者之间自动传递和执行。工作流的运行由工作流管理系统(WFMS)完成,它和工作流执行者(人或应用)交互,推进工作流实例的执行,并监控工作流的运行状态。

工作流技术作为实现过程管理与过程控制的一项关键技术,为部门间的协同工作提供了一个从模型建立、管理到运行、分析的完整框架,通过调用有关信息资源与人力资源来协调业务过程中的各个环节,使之按照一定的顺序依次进行,实现业务过程的自动化。

(2) WebGIS 技术。地理信息系统(Geographic Information System,GIS)是在计算机软件和硬件的支持下,运用系统工程和信息科学的理论,科学管理和综合分析具有空间内涵的地理数据,以提供规划、管理、决策和研究所需信息的技术系统。WebGIS 是指基于因特网平台的地理信息系统,又称为因特网 GIS 或网络 WebGIS。利用 WebGIS 可以在因特网上发布和更新地理信息数据,为用户提供网上在线方式的数据浏览、查询和分析的功能,克服了传统的基于文件共享的低级分布式 GIS 系统的弊端。

(3) 网络安全技术。由于系统建立在开放的因特网上,要使系统中的协同工作顺利进行,必须保障信息访问的安全性。在该研究中,笔者对城市道路综合信息化管理中可能存在的安全问题进行归纳,并对已有的安全技术,包括防火墙技术、数据加密、数字签名以及基于角色的访问控制等进行深入的分析,在此基础上,建立了城市道路管理协同工作的安全机制,不仅为城市道路的信息化管理提供安全保障,还能提高该系统的使用、维护和管理效率。

4.3　基于子系统整合的系统开发策略

上述研究成果,不但可以在开发新的城市道路相关子系统以及在对这些子系统进行整合时被借鉴,而且对于"数字城市"中待建子系统的开发也有现实的参考意义。所以,有必要从中总结出更加一般性的规律,以便为建设其他众多的子系统提供参考。现将其概括为如下 3 条开发策略。

(1)组织策略。信息技术的有效利用离不开组织机构的变革。具体到信息资源共享模式,没有相应组织的保证也是不可能实现的。有较多的共同点、关联紧密、需共享资源是成立组织机构的重要原则。

以该研究为例,考虑到城市道路涉及市政管理、公安交通、园林管理等部门和供电、供水、供气、供热、电信等部门,而这些部门由于其管理对象在地理上的相关性,相互之间的关联非常紧密,故建议成立道路管理中心。该机构相当于相关部门主管领导的联席会议,主要负责协调各方之间公共性的问题,包括空间基础数据的共享、专业信息利用,协调各部门协同工作,制订有关规则。

(2)经济策略。经济策略关系到信息系统能否真正运转起来。目前城市空间基础数据方面存在的问题主要是数据种类单调、现实性差、可用性低。

在城市数据的共享上,一方面,缺乏合适的数据;另一方面,已有数据因要价太高而得不到充分有效的利用,重复性生产时有发生。在该研究中就遇到了这个问题,如何解决这个问题?笔者认为,对于迄今为止不存在的公共信息资源,可以鼓励进行联合开发。投资者无偿或低价使用开发出的资源,而未投资者需有偿使用这样的资源。对于已经存在的公共性较高的信息资源,在政府部门之间,应该无偿共享;对外则可以像火车票定价一样,通过价格听证会的方法来确定价格,有偿提供。

(3)技术策略。适当的技术策略能够保证信息系统建设的质量。技术策略包含两方面,即相关技术的应用研究和有关标准的制订。

相关技术的应用研究是十分必要的,信息技术在任何领域的应用都需要一定的研究为基础,如果不能满足这一点,则很难保证系统开发成功。

在该研究项目中就对相关的工作流技术、WebGIS 技术以及网络安全技术等信息技术的应用进行了深入的分析和研究。

有关标准主要包括信息编码标准和应用数据标准。编码标准不统一,则子系统整合起来非常困难;应用数据标准则起一个框架的作用,会引导不同单位的子系统开发,使子系统的数据完备,从而满足整合分析的需要。

第 5 章
模式识别技术的应用

模式(pattern)的原意是模范、模型、典型、样品、图案等。通俗地讲,模式就是事物的代表。它的表示形式是矢量、符号串、图或数学关系。对一类对象的抽象也称为该类的模式。模式可以是一个手写的字符、一幅指纹图像、一幅人脸的图像、一段语音信号或者是一个波形等。

模式识别,即根据对象的特征或属性,利用机器系统运用一定的分析算法认定它的类别,并使分类识别的结果尽可能真实。随着计算机性能的提高,因特网的迅速发展,模式识别不仅在传统领域,如文字识别、语音识别、指纹识别、遥感图像、医学等领域应用越来越深入和广泛,而且涌现了很多新的应用领域,如数据挖掘(data mining)、文档的分类(document classification)、财政金融、股票走势的预测、多媒体数据库的检索、基于生物统计学(biometrics)的人的身份鉴别,甚至研究识别人的感情等。

目前,模式识别的方法可简单分为两大类:统计模式识别方法和结构模式识别方法,相应的模式识别系统都是由两个过程(设计和实现)组成。"设计"是指用一定数量的样本(训练集/学习集)进行分类器的设计;"实现"是指用所设计的分类器对待识别的样本进行分类决策。目前较常采用的方法是统计模式识别方法。统计模式识别系统主要由图5.1所示的几部分组成。

图 5.1　统计模式识别系统的基本组成

(1)信息获取:它是通过传感器,将光或声音等信息转化为电信息。信息可以是二维的图像,如文字、图像等;可以是一维的波形,如声波、心电图、脑电图;也可以是物理量与逻辑值。

(2)预处理:包括二值化,图像的平滑、变换、增强、恢复、滤波等,主要指图像处理。

(3)特征抽取和选择:在模式识别中,由第一步信息获取得到的信息量是相当大的,例如,一幅64×64的图像可以得到4096个数据,一个卫星遥感图像的信息量更大。因此,需要进行特征的抽取和选择,提取出最能反映分类本质的特征。这种在测量空间的原始数据通过变换获得在特征空间最能反映分类本质的特征的过程,就是特征提取和选择的过程。

（4）分类器设计：主要功能是通过训练确定判决规则，使得按此类判决规则分类时，错误率最低，并把这些判决规则建成标准库。

（5）分类决策：在特征空间中对被识别对象进行分类。

研究项目采用的是统计模式识别的方法，具体实现方法如下。

用图像处理和模式识别的观点，识别并定位城市中各种不同的地物，主要地物为道路、楼房、草地和树木（如果有其他类型地物，可以相应地进行扩充）。

（1）对遥感图像进行辐射量、大气干扰和几何变形的校正、平滑去噪、特征增强等一系列适当的图像预处理工作。

（2）采用基于区域和颜色值的图像分割方法，将遥感图像中诸象元划分到不同的子空间中，实现地物空间位置、所属模式的识别，并用轮廓跟踪的方法进行矢量化。

（3）将得到的数据以及属性数据以一定的格式存储，为用计算机绘图软件建立立体图像作准备。

流程图如图 5.2 所示。

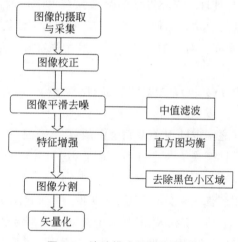

图 5.2　统计模式识别流程图

5.1　图像预处理

5.1.1　滤除噪声

由于遥感图像受到光线等自然条件的影响，图像总是存在着噪声；并且图像在传输过程中，由于传输通道取样系统质量较差或因受各种干扰的影响而造成图像毛糙，因此在进行矢量化之前，要对图像进行平滑去噪。

局部平均法是常用的一种平滑方法。局部平均法是用某像素邻域内的各点灰度级平均值来取代该像素原来的灰度级。通常取为 $N \times N$ 窗口，窗口沿水平和垂直两个方向逐点移动,从而平滑整幅图像。均值滤波、高斯滤波、中值滤波和边缘保持滤波都属于局部平均法。

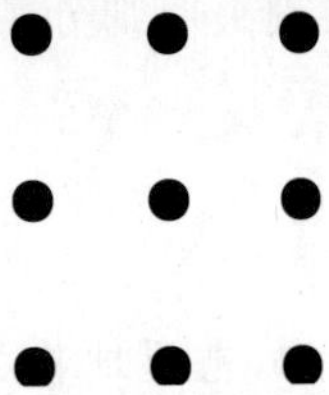

在比较了以上 4 种滤波效果之后,最终选择中值滤波。它能有效地消除噪声的同时,还能较好地保持图像的边缘,便于后期的特征提取,且实现简便,因而得到了广泛的应用。

中值滤波用某像素邻域内各点灰度级的中值来取代该像素原来的灰度级,此处所取窗口为 3×3 的方形窗口,如图 5.3 所示(黑点代表像素)。

图 5.3　方形滤波窗口

5.1.2　对比度增强

在图片中经常会出现对比度不够的情况,这可能是由于图片记录装置的动态范围太小造成,也可能是由于摄像过程中曝光不足所造成。因此需要对摄取来的图像进行对比度增强。

图像增强是指对图像的某些特征,如边缘、轮廓、对比等进行强调或尖锐化,以便于显示、观察或进一步分析与处理。对比度增强是增强技术中比较简便但又十分重要的一种方法。这种处理是逐点修改输入图像中每一像素的灰度,图像中各像素的位置并不改变,是一种输入与输出像素间一对一的运算。对比度增强又称点运算,一般用来扩大图像的灰度范围。

设输入图像的灰度为 $f(x,y)$,输出图像的灰度为 $g(x,y)$,则对比度增强可表示为

$$g(x,y)=T[f(x,y)] \tag{5.1}$$

图像输出与输入灰度之间的映射关系完全由函数 T 确定。

对比度增强通常有线性变换法与直方图均衡法,这里采用直方图均衡法增强图像的对比度,实现边缘特征的增强,以利于检测。

直方图均衡法是利用图像灰度分布信息,对灰度分布形式作校正来修正图像灰度,最终达到图像增强的目的。直方图表示数字图像中每一灰度级与其出现的频数(处于该灰度级的像素数目)间的统计关系,用横坐标 r_k 表示灰度级,纵坐标 $n(r_k)$ 表示 r_k 出现的频数,即概率密度函数。直方图能够给出对应图像的概貌性描述,是进行进一步处理的重要依据。

许多图像的灰度值是非均匀分布的,其中灰度值集中在一个小区间内的图像是很常见的。如笔者所用的遥感图像的灰度级直方图总是在低值灰度区域数目较大,大部分像素的灰度级低于平均灰度级。这样,图像上隐含在较暗区域中的细节看不清,也难于分析。笔者通过构造灰度级变换,改造图像的直方图,使变换后图像的直方图达到一定的要求。

对遥感图像来说,也就是将较暗区域中的细节尽量地显示清楚。直方图均衡是一种通过重新均匀地分布各灰度值来增强图像对比度的方法,经过直方图均衡化的图像对二值化阈值选取十分有利。

直方图均衡的原理如下,先对连续图像进行分析,然后推广到数字图像。

令变量 r 代表欲增强图像中像素的灰度级,假定 r 值已经归一化(将原图像灰度范围 $[a,b]$ 作线性变换 $r=(r_0-a)/(b-a)$,使 $r \in [0,1]$,即 $0 \leqslant r \leqslant 1$,$r=0$ 代表黑,$r=1$ 代表白)。设变化后新图像灰度级为 s,s 与 r 的关系为 $s=T(r)$,假定:

(1) 在 $0 \leqslant r \leqslant 1$ 区间内,$T(r)$ 是单调递增函数,并且满足 $0 \leqslant T(r) \leqslant 1$;

(2) 变换 $r=T^{-1}(s)$,$0 \leqslant s \leqslant 1$,同样满足类似(1)中的条件。

这意味着变换后的灰度仍保持从黑到白的单一变化顺序,且灰度范围与原先的一致,以避免图像整个变亮或变暗。一幅连续图像中,灰度级 r 可看作是区间 $[0,1]$ 上的随机变量,可用概率密度函数 $P_r(r)$ 表示原图像灰度级分布(不均匀分布),$P_s(s)$ 表示变换后图像灰度级概率密度分布(均匀分布)。

综上所述,$s=T(r)$ 的关系用图 5.4 表示,图中同时画出了变换后的灰度直方图。考虑到灰度变换只影响像素位置分布,并不会增减像素的数目,所以有

$$\int_{r_j}^{r_j+\Delta r} P_r(r) \mathrm{d}r = \int_{s_j}^{s_j+\Delta s} P_s(s) \mathrm{d}s \tag{5.2}$$

用矩形法近似求积,可得

$$P_r(r_j)\Delta r = P_s(s_j)\Delta s \tag{5.3}$$

令 $\Delta r \to 0$,因而 $\Delta s \to 0$,下标 j 只表示任意点,因而可以去掉,得

$$P_s(s) = P_r(r) \cdot \frac{\mathrm{d}r}{\mathrm{d}s} \tag{5.4}$$

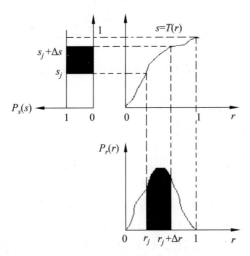

图 5.4 灰度值均衡示意图

在直方图均衡化时有 $P_s(s)=1/L$,这里 L 为均衡化后灰度级变化范围。归一化表示时 $L=1$,即 $P_s(s)=1$,$0 \leqslant s \leqslant 1$,代入上式得到

$$\mathrm{d}s = \mathrm{d}T(r) = P_r(r) \tag{5.5}$$

两边取积分得

$$s = T(r) = \int_0^r P_r(r) \mathrm{d}r \tag{5.6}$$

上式就是所求的灰度变换公式,可以看出,$T(r)$ 是分布函数,它是非负函数,完全满

足变化函数要求。

在数字图像的情况下,灰度级 r 取离散值 $r_k(k=0,1,\cdots,L-1)$,其中 L 为灰度等级。设 n 为图像中像素总数,n_k 为第 k 个灰度级 r_k 出现的频数(即像素数目)。于是,第 k 个灰度级出现的概率为

$$P_r(r_k)=\frac{n_k}{n} \tag{5.7}$$

其中,$0 \leqslant r_k \leqslant 1,k=0,1,\cdots,L-1$。变换式的离散形式表示为

$$S_k=T(r_k)=\sum_{j=0}^{k}\frac{n_j}{n}=\sum_{j=0}^{k}P_r(r_j) \tag{5.8}$$

在上述变换下,数字图像的直方图,如图 5.5 所示,将成为均匀分布形状。因此,可根据原图像的直方图统计量,求得均衡后各像素的灰度级变换值。由上述推理过程可以看出,直方图均衡化的实质,即为减少图像的灰度级以换取对比度的扩大。

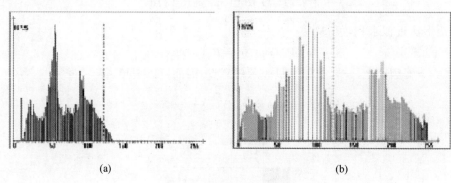

(a)   (b)

图 5.5   均衡前后的直方图

5.2   图像分割和矢量化

5.2.1   图像分割

经过平滑去噪及对比度增强之后,由于不同的地物,如道路、楼房、草地和树木,具有明显不同的灰度级,因此采用几个典型阈值就可以实现各种不同地物的分割。

将分割后的图像分为几幅子图像,每幅子图像中只有一类地物,如对于某校园的遥感图像,可分为 4 幅子图,每个子图像只存储道路、楼房、草地和树木中的一种。然后再将同类地物图像进行二值化,并对二值化后的图像的边缘轮廓线进行跟踪,存入链表,形成边缘图。在这个过程中还要选取区域的灰度均值等属性作为整类地物的属性数据,以便以后的处理。接下来将边界线分段并分出直线和曲线,得到一段数字曲线,从而实现矢量化。

同时,还需要区分这 4 幅图中哪一幅是道路图而不是草地图等,采用的方法如下:道路的两边基本都是平行的,因此根据得到的边界线可用 Hough 变换检测图像中是否有平行线。如果有,即可认为该幅子图像存储的就是道路。同样,根据楼房基本都是长方形这

一特点,也可以把楼房图检测出来,树木则是一个个独立的类圆形,且闭合区域都不是很大,这样也可以把树木子图检测出来,剩下的就是草地子图。在这个过程中,有些时候曲线可能不是光滑的,平行线也可能因为某些因素而产生弯曲,因此有时还需要用数据拟合的方法进行一些必要的处理。

5.2.2　图像二值化

图像二值化是图像处理的一项基本技术。在数字图像处理中,图像二值化可以达到节省图像资源的目的。

一般使用数字图像多为灰度的,而二值化主要应用于灰度图,通过二值化,灰度图像中的每个像素将转化为只有"黑"和"白"两种色度。

图像二值化的优点是可以将前景(物件)和背景区分出来,以利于进一步取得物件的信息。图像二值化是在模式识别技术、医学数据可视化中的切片配准及邮件分拣系统等工程应用中进行数据预处理的重要技术。

从图像信息含量的角度来说,二值化可看作是一种图像的压缩,压缩后图像的每像素只占 1b,在绝大多数情况下,这种压缩是会丢失有用图像细节信息的,因此,在二值化的过程中,应尽量保持图像中与应用有关的细节。

二值化的阈值选取有很多方法,主要可分为三类:整体阈值法、局部阈值法、动态阈值法。

整体阈值法是指在二值化过程中只使用一个固定阈值 T 的方法,此法对于质量较好的图像较为有效,特别是对具有双峰直方图的图像(一个峰对应图像中的背景,另一个峰对应图像的目标)而言。

局部阈值法是由像素灰度值和此像素领域的局部灰度特性来确定像素的阈值,此法能适应较为复杂的情况,但它时间开销大,而且在某些情况下会产生一些失真。

动态阈值法的阈值不仅取决于该像素灰度值及其他领域内像素的灰度值,而且还和此像素的坐标位置有关。

一般来说,整体阈值法对质量较好的图像有效(这些图像的直方图一般有两个峰值),而局部阈值法则能适应较为复杂的情况。但它们往往忽略了图像的边缘特征,使得原图像中的一些不同区域在二值化后变成了一块大区域,它们之间的分界结消失,而在颗粒分析等应用中,这是不允许的。

研究项目所用的图像二值化根据下列的阈值进行处理:

$$f_t(i,j) = \begin{cases} 1, & f(i,j) \geqslant t \\ 0, & f(i,j) < t \end{cases} \tag{5.9}$$

通常,最后的二值图像中,值为 1 的部分表示图形,值为 0 的部分表示背景。在图像灰度值的直方图中,把灰度值的集合用 t 分为两组,基于两组间的最佳分离而决定参数 t 的方法,称为阈值选择法。

二值化的方法很多,针对一张灰度图像,笔者比较了非零像素置一法、固定阈值法、双固定阈值法、均值二值化、根据直方图选择阈值法、判断分析法、P 参数法和迭代二值化等方法。最终采用了迭代二值化法,因为它既能较好地检测出目标图像的边缘信息,又不需要人工参与,满足系统实时的要求。

1. 非零像素置一法

非零像素置一法的原理非常简单,即把灰度图像中灰度值非 0 的所有像素变为 1,其他为 0。这种方法仅在背景像素多为 0 时才有效。

2. 固定阈值法

人工选择一个阈值 t,灰度值小于该阈值的像素变为 0,大于或等于该阈值的像素变为 1。根据不同阈值的选取,图像会发生很大的变化,这种方法是依赖于手动调试的。

3. 双固定阈值法

人工设定两个阈值 t_1, t_2($t_1 < t_2$),如果像素灰度值小于 t_1,则变为 0(或 1),大于或等于 t_1 而小于 t_2 变为 1(或 0),大于或等于 t_2 则变为 0(或 1),取 0-1-0 还是 1-0-1 视具体情况而定。

4. 均值二值化

均值二值化是求出图像所有像素的灰度平均值,将该平均值作为二值化的阈值,将图像进行二值化,所以称为均值二值化。该方法有可能在图中明暗变化剧烈的地方出现一些严重的失真。

5. 根据直方图选择阈值法

根据直方图中显示的图像信息(波峰波谷等)人工选择阈值,将图像进行二值化。度量直方图在灰度值 i 处的平衡性。对于伪凹面,它通常位于直方图的某一侧,其值比较小。因此,略去值较小时 (i)-$h(i)$ 的极大值,其余极大值所对应的灰度值可以选作阈值。这不一定是最优的,也可以考虑采用在这些极大值附近的其他灰度值。

6. 判断分析法

判断分析法是一种自动选择阈值的方法。它从图像灰度值直方图中,把灰度值的集合用初始阈值 t 分成两类,然后根据两类的平均值方差(类间方差)和各类的方差(类内方差)之比最大,来确定最终阈值 t。

设图像具有 L 级的灰度值,初始阈值为 k,把具有 k 以上灰度值的像素和具有比它小的值的像素数分为两类:类 1 和类 2。类 1 的像素数设为 $W_1(k)$,平均灰度值为 $M_1(k)$,方差为 $\sigma_1(k)$;类 2 的像素数设为 $W_2(k)$,平均灰度值为 $M_2(k)$,方差为 $\sigma_2(k)$,全体像素的平均值定为 M_T,则类内方差由下式计算:

$$\sigma_W^2 = W_1\sigma_1^2 + W_2\sigma_2^2 \tag{5.10}$$

类间方差由下式计算:

$$\sigma_B^2 = W_1(M_1 - M_T)^2 + W_2(M_2 - M_T)^2 = W_1 W_2 (M_1 - M_2)^2 \tag{5.11}$$

为了使 σ_B^2 / σ_W^2 最大,最好使 σ_B^2 最大,也就是最好令 k 变化,从而求出使 σ_B 为最大的 k 值。

7. P 参数法

P 参数法阈值的选取需要人工指定一个百分数,这个百分数表示应划分出的目标子图像占整幅图像的面积比例,通常称为 P 参数。

设应划分出目标图像的面积大致等于 S_0,它与图像总面积 S 的比率为 $P = S_0 / S$,则以灰度值 t 以上的像素对全体像素的比率为 P 求出阈值 t。

P 参数法经常用于工程图纸和文本图像等能够对应分离出的对象图形的面积进行某种程度的预测的场合。

8. 迭代二值化

迭代法既能较好地分割出目标子图像,又能自动地实现。实现算法如下。

(1) 求出图像中的最小和最大灰度值 Z_l 和 Z_k,令阈值初值

$$T^0 = \frac{Z_l + Z_k}{2} \tag{5.12}$$

(2) 根据阈值 T^k(初始值为 T^0)将图像分割成目标和背景两部分,求出两部分的平均灰度值 Z_O 和 Z_B:

$$Z_O = \frac{\sum\limits_{z(i,j)<T^k} z(i,j) \times N(i,j)}{\sum\limits_{z(i,j)<T^k} N(i,j)} \tag{5.13}$$

$$Z_B = \frac{\sum\limits_{z(i,j)>T^k} z(i,j) \times N(i,j)}{\sum\limits_{z(i,j)>T^k} N(i,j)} \tag{5.14}$$

其中,$z(i,j)$ 是图像上 (i,j) 点的灰度值,$N(i,j)$ 是 (i,j) 点的权重系数,一般 $N(i,j) = 1.0$。

(3) 求出新的阈值:

$$T^{k+1} = \frac{Z_O + Z_B}{2} \tag{5.15}$$

(4) 如果 $T^k = T^{k+1}$,则结束,否则 $K \leftarrow K+1$,转第(2)步。

另外,由于遥感图像中经常会出现一些小的图斑,影响最终的矢量化效果,因此对于二值化后的图像要进行小图斑的消除。可采用十字形算子对图像进行先膨胀后腐蚀的方法,以去除这些小图斑。也可先对二值图像进行区域标记,然后将面积(用像素个数计算)小于指定阈值 S 的黑区域去除。

二值图像区域标记就是对相同连接成分的所有像素分配相同的标号,对不同的连接成分分配不同的标号。直观地说,在标记前图像是二值的,像素灰度值是 0(黑)或 255

（白），标记之后每个黑像素的值是所属区域的标号$(1,2,3,\cdots L)$，其中 L 是图像中黑区域的数目。笔者所用的递归算法如下：

（1）扫描图像，找到没有标记的黑点，给它分配一个新的标记 L；

（2）递归分配标记 L 给该点的邻点（此处采用 8 邻点）；

（3）如果不存在没标记的点，则退出，算法结束，否则转（1）。

区域标记完成之后，将面积小于阈值 S 的黑色小区域消除（面积用像素个数计算）。笔者选择的固定阈值为 5。

第 6 章

三维景观模型的建模技术

近年来,我国城市建设发展迅猛,使许多城市的规划和建设未能有充分的时间和技术手段进行充分的论证,建设项目出现了许多不尽如人意的地方。今后若干年,我国的城市化建设将进一步加快,因而迫切需要进一步提高城市规划和设计的效率和水平,而要提高效率和水平,就必须使用计算机辅助规划与设计技术。

多年来,我国的城市规划与建筑设计部门已开始引入辅助规划与设计的软件与技术,例如引用地理信息系统和 CAD 技术进行城市规划方案设计,应用 CAD 技术进行建筑设计。但是以前这些技术或者采用的基础数据都是基于二维的,城市规划部门一般采用二维 GIS 进行方案设计,城建设计部门一般在二维电子地图基础上设计三维建筑模型,这种三维模型只是新设计建筑体本身是三维的,周围的其他数据包括已有的建筑物都是二维的,或者按一定规则在二维基础上构造的,并不是实际的三维模型。这样做的规划方案或设计的建筑在二维上看是协调的,或者说单个建筑物是宏伟壮观的,但放到整个城市景观模型上看就不一定是协调的。只有在三维数字景观模型中,进行三维城市规划和建筑设计才能较好地处理整体与局部的协调关系,才能有更加直观的空间感,更加逼真的光照、日照模拟等,这样才能使规划设计更人性化。

现代地理信息系统技术和虚拟现实技术的发展已经为构建整个城市的三维数字景观模型奠定了技术基础。它要求采用数据库技术、地理信息系统技术和虚拟现实技术,首先将城市现有的地形、地物进行三维数字测量,获取三维结构信息和纹理信息,然后存入数据库中,再通过三维可视化技术进行表现形成虚拟景观模型,再提供给城市规划和设计部门进行计算机辅助城市规划和设计。

6.1 三维数码城市信息系统的数据模型与系统结构

三维数码城市(cyber city)信息系统是城市三维景观模型的基础。它的一个主要特点是能够管理地形结构信息(数字高程模型)、地形纹理信息(数字正射影像)、三维人工建筑结构信息及人工建筑的纹理信息。除此之外,系统提供了三维城市模型的可视化技术,即采用虚拟现实手段,在屏幕上表现透射立体模型或虚拟立体模型。

三维数码城市信息系统从软件体系结构上看,通常分为 3 层结构。第一层是数据管理与操作层,第二层是数据抽象与集成,第三层是三维模型可视化与交互操作,如图 6.1 所示。三维数码城市的数据模型如图 6.2 所示。

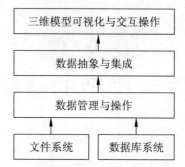

图 6.1　三维数码城市信息系统体系结构

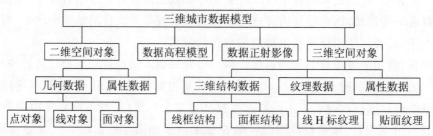

图 6.2　三维数码城市的数据模型

6.2　城市三维景观模型的建模技术

城市三维景观模型是三维数码城市信息系统的表现模型。它包含数字高程模型、地面纹理影像、三维建筑结构模型、三维建筑纹理以及特殊地物的建模与纹理等数据。每种类型的数据采集与处理方法都不同,下面分别介绍。

6.2.1　数字高程模型建模

数字高程模型有两种模式,一种是不规则三角网模型 TIN,另一种是规则网格模型 Grid。两种模型可以相互转换,但一般而言,大规模的地形都采用规则网格模型。

网格数字高程模型的建模方法有多种,最常用的方法是数字摄影测量方法,通过影像匹配自动生成数字高程模型。当得不到立体影像,仅有地形图时,通常采用对现有地图进行扫描,获得矢量化等高线,再由等高线内插成数字高程模型。当然,也可以通过外部作业测量的方法,获得大量高程点三维坐标,再内插成数字高程模型。

6.2.2　地面纹理影像的生成

地面纹理影像可以从现有航空影像或航天遥感影像获得,也可根据地面物体的特征,人工赋予相应的纹理影像。

但不管用哪种方法,都要先将原始影像处理成数字正射影像,它有一致的比例尺,消除了投影误差,坐标与数字高程模型一致。

经过处理的数字正射影像才能与数字高程模型匹配,形成真实的景观模型。

由原始影像处理成数字正射影像有多种方法,通常用数字摄影测量方法和单片微分纠正方法。不论哪种方法都是消除相片倾斜和投影差的过程,都要进行绝对定位,使之归一化比例尺和地面坐标。

6.2.3　三维建筑结构数据的获取与处理

三维建筑结构是指房屋建筑、路桥、油罐、电视塔等各种三维实体。获得这些三维目标的框架数据主要有两种方法。一种是用数字摄影测量方法,在立体模型上采集建筑物的框架坐标,然后通过建模软件将它们构造成实体对象。另一种方法是采用三维设计软件,如 3ds Max、Multigen、Microstation 等软件,将设计好的三维实体导入并定位于地形景观模型中。无论哪一种方法,都要对数据进行检核,使它们的连线正确,以利于粘贴侧面纹理。

三维实体数据检核的过程如下。

(1) 拓扑结构检查。通过对每一地物的三维模型与航测像中的立体影像的比对,检查三维模型的拓扑结构是否正确。

(2) 建筑物顶部同高检查。在现实中建筑物顶面绝大部分表现为同高的情况,这就需要对三维建筑物模型的顶面进行同高检查,从而使点与平面符合。如果不同高的情况超出一定的精度,则需要重新量测。

(3) 建筑物边缘垂直与平行检查。建筑物边缘大部分表现为垂直与平行结构,但在实际量测过程中一般难以满足。建筑物模型的平面结合航测立体模型,对不满足垂直与平行结构的部分进行纠正。

(4) 建筑物共面检查。建筑物形态复杂的面由多个特征点线构成,由于测量误差或者某些特殊情况(如建筑物的相互遮挡)将导致建筑物实际在一个面内的点不能共面。这就需要对三维建筑物模型进行共面检查与纠正,但必须用测量正确的面纠正不能共面的点。

6.2.4　三维建筑纹理的采集与处理

建筑物纹理是建筑物三维模型的重要组成部分,纹理数据主要是通过野外实地摄影的相片获取,它直接关联到三维场景中的地物。它的质量决定了场景的整体效果与纹理细节,并最终决定场景的逼真程度。

1. 三维建筑侧面纹理的采集与处理

1) 三维建筑侧面纹理的采集

纹理数据主要涉及地物侧面纹理的采集。

为提高野外摄影的工作效率,在数据采集以前,需要熟悉纹理采集区域的整体情况,如地物类型、建筑风格、道路情况等,同时了解该区域在整个测区内的重要程度,并对平面图中的每一地物及其包含的每一个主要侧面赋以唯一的编号。

　　在野外实地摄影的过程中,必须严格按照要求完成野外调绘记录。野外调绘记录一方面是建立三维景观模型的重要依据,另一方面也是成果递交的重要原始资料。

　　野外调绘记录以野外拍摄的纹理图片为基础,要记录拍摄相片与实际地物的对应关系以及实际地物的名称、类型、特性、相互关系等内容。由于野外摄影相片数量巨大,在野外实地摄影的过程中必须注意检查相片与调绘记录一一对应的关系,确保野外调绘记录的准确。

　　为了保证纹理数据的质量,在拍摄地物侧面纹理的过程中需要注意日照条件、拍摄的角度等因素的影响,熟练地运用摄影技巧,保证影像尽量清晰。

　　2）三维建筑侧面纹理的处理

　　三维建筑侧面纹理的处理,包括原始相片的后期制作和纹理映射两部分。

　　原始相片的后期制作应根据野外调绘记录与航测阶段建立的三维模型,一般采用Photoshop 等软件对其进行基本的图像复原和裁剪,必须确保建筑物主要立面的纹理完整真实(特别是地物的临街立面),减少降低图像清晰度的操作,消除对地物侧面纹理的遮挡(如树木对墙面的遮挡),并注重保持工作区内所有纹理影像色调的均衡。

　　纹理文件名在整个数据采集区域内必须保持唯一,以确保纹理与三维模型每一个面的一一对应。因此,必须确定一系列标准的图像基本操作步骤,这些步骤的基本特点是操作简单、高效,操作结果数据量小,图像保持清晰,保证整个区域内三维建筑的纹理图像效果一致,这对于三维模型的可视化表现是非常重要的。

　　纹理影像映射也是至关重要的一个环节。在进行各种类型三维地物的面与纹理影像映射过程中,只有确保纹理数据与面映射的正确性,才能真实地模拟现实建筑物,真正地做到虚拟现实,如图 6.3 所示。

图 6.3　三维建筑侧面纹理映射效果图

2.三维建筑顶面纹理的采集与处理

　　三维建筑的顶面纹理无法由野外实地摄影直接获取,因此只能从原始分辨率的正射影像中采集建筑物顶部的纹理数据。从正射影像中剪取建筑物顶部的纹理数据可以减少相当程度的野外工作量,降低工作难度,同时也保证了纹理的质量。

6.2.5 特殊地物的建模与纹理

使用摄影测量与遥感方法,虽然可以快速地建立城市中大部分建筑物的三维模型,但是对于一些边界模糊或者由于遮挡等因素而无法建立模型的特殊地物,如树木、街道、花坛、雕塑、电话亭、电线杆、广告牌等,则只能根据原始相片和野外调绘记录,采用其他通用的建模软件(如 3ds Max 等)来建立其模型,如图 6.4 所示。

图 6.4 特殊地物(雕塑)的模型及纹理效果图

对于在城市三维景观模型中必须表达的这些特殊地物,尽管采用数字正射影像可以得到其真实纹理,也可以反映其真实面貌,但城市三维景观模型的表现在注重真实的同时,还应当表现出城市之美。如城市街道的地面,如果采用数字正射影像的真实纹理,废弃物和损毁的地面都会被摄进去,在模型中表现出来的地面就很不美观,甚至路上太多汽车也会影响到城市景观模型的美观。为了消除这些影响,一般需要对地面纹理进行修饰——在控制其空间尺度等特性和把握其真实性的前提下,人为粘贴"美观"的地面纹理。

第 7 章

三维景观立体化动态展示快速自动生成系统

本章采用编程技术对平面图形立体化,形成三维的动态景观,包括获取并存储数据、采用 OpenGL 和 Visual LISP 编程读取数据建立三维景观。

7.1 原始平面图

本研究项目所采用的原始平面图包括济南市遥感图、山东建筑大学(原名山东建筑工程学院)老校区设计规划平面图、山东建筑大学新校区设计规划图等。图 7.1 为山东建筑大学新校区规划平面图。采用模式识别、OpenGL 和 Visual LISP 编程、虚拟现实等技术,分别实现了这些图形三维景观的再现。下面介绍用编程技术形成三维景观的方法,虚拟现实技术和视频创作部分在后面的章节中介绍。

图 7.1　山东建筑大学新校区规划平面图

7.2　获取数据

根据模式识别的结果,即图像转变成的矢量图,可以从中获取数字城市三维景观自动生成系统所需要的数据。

该数据以图形交换文件 DXF 格式存储。

DXF 是一种顺序文件,它是在一定的组代码符号规定下,包含实体命令和几何数据信息等的数据文件。一个 DXF 文件包括了对应图形的图形数据库中的所有信息。

完整的 DXF 文件由 6 个段和结束标志组成,每段都是以一个其后跟着字符串 SECTION 的组码 0 开始,接着是组码 2 和表示段名称的字符串。每个段内容都是由元素的组码和组值组成。其后跟着字符串 ENDSEC 的组码 0 表示这段结束。文件结束标志用组码 0 和字符串 EOF。除 ENTITIES 段和结束标志外其他段都可以省略,也就是说 DXF 文件可以只包含 ENTITIES 段和 EOF 标记。它们的顺序是标题段、类段、表段、块段、实体段、对象段和结尾。

DXF 文件是由成对的整数代码与代码关联的值组成的,AutoCAD 将代码称为组码,代码关联的值称为组值,每个组码和组值都各占一行。

组码和组值定义了对象或图元。组值在紧接着组码行的下一行,每个组码所对应组值的数据类型是固定的,不可以混用,组码对应的组值分为整型、浮点类型或字符串型。DXF 文件的最大字符串长度为 256 个字符。

在 DXF 文件中,每两行构成一组,每组中的第一行为组代码,第二行为组值,代码是一个不超过 3 位数的正整数,组值的类型由组代码决定。

在 DXF 文件中,图元可以出现在 BLOCK 和 ENTITIES 段中,两个段中图元的用法是一样的。某些定义图元的组码始终会出现,而其他组码仅在它们的值与默认值不同时才出现。

对于 OpenGL 和 Visual LISP 调用来说,它只关心图形文件中的图形几何信息以及属性数据。在 DXF 文件中,这些信息都包含在 DXF 文件的实体段中。因此,在设计调用程序时只需读取实体段中数据即可。实体段记录了每个实体的名称、所在图层的名字、线型名、颜色、基面高度和厚度,以及有关的几何数据。实体段格式如下:

```
0
SECTION
2
ENTITIES
0
XXXX                (实体名,如 LINE)
8                   (图层名)
XX                  (例如 AB)
6                   (线型名)
XXXX                (例如 DASHED)
```

62	(颜色号)
X	(如 3)
38	(基面高度)
XX.X	
39	(厚度)
XX.X	
…	(该实体的几何数据)
0	
XXXX	(又一实体开始)
…	
0	
ENDSEC	(实体段结束)

一个具体的图元——例如 LWPOLYLINE 的组码及其说明如表 7.1 所示。

表 7.1　一个图元的组码及其说明

组　码	说　　　明
100	子类标记（AcDbPolyline）
90	顶点数
70	多段线标志(位码)；默认值＝0；1＝关闭的；128＝多段线生成
43	常量宽度(可选，默认值＝0)；当设置了变化的宽度(组码 40 和/或 41)时,不使用该组码
38	标高(可选,默认值＝0)
39	厚度(可选,默认值＝0)
10	顶点坐标(在 OCS 中,多图元),每个顶点都有该条目。DXF：X 值；APP：二维点
20	DXF：顶点坐标的 Y 值(在 OCS 中,多图元)；每个顶点都有该条目
40	起始宽度(多图元,每个顶点都有该条目,可选,默认值＝0,多条目)。如果设置了常量宽度(组码 43),则不使用该组码
41	结束宽度(多图元,每个顶点都有该条目,可选,默认值＝0,多条目)。如果设置了常量宽度(组码 43),则不使用该组码
42	凸度(多图元,每个顶点都有该条目,可选,默认值＝0)
210	拉伸方向(可选,默认值＝0,0,1)。DXF：X 值；APP：三维矢量
220,230	DXF：拉伸方向的 Y 值和 Z 值

7.3　三维景观的建立

三维景观的建立分别采用 OpenGL 或 Visual LISP 进行。

根据以上获得的 DXF 数据,采用 Visual C 和 Visual LISP 读取 DXF 文件中的图元数据,然后根据得到的数据用 OpenGL 和 Visual LISP 绘出相对应的三维图形。

1. 应用 OpenGL 建立

应用 OpenGL 建立三维景观的程序流程图,如图 7.2 所示。

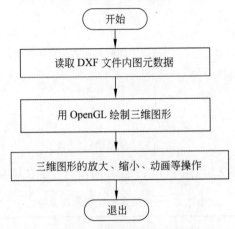

图 7.2　建立三维景观的程序流程图

下面是应用 VC、OpenGL 开发三维图形程序的基本步骤。

1) 定义窗口

在 VC 中,当创建一个项目时,会自动产生一个窗口,因此不需要重新定义一个窗口,而只需在现有的窗口内绘图即可。

2) 初始化操作

要使窗口支持 OpenGL 绘图,必须对窗口进行初始化。

具体的代码为

```
int CRenderView::OnCreate(LPCREATESTRUCT lpCreateStruct)
{
    if(CView::OnCreate(lpCreateStruct) ==-1)
        return -1;
    HWND hWnd=GetSafeHwnd();
    HDC hDC=::GetDC(hWnd);
    if(SetWindowPixelFormat(hDC)==FALSE)
        return 0;
    if(CreateViewGLContext(hDC)==FALSE)
        return 0;
    //设置多边形绘制的缺省模式
    glPolygonMode(GL_FRONT,GL_LINE);
    glPolygonMode(GL_BACK,GL_LINE);
    glShadeModel(GL_FLAT);
    glEnable(GL_NORMALIZE);
    //设置光照及材质的属性
```

```
GLfloat ambientProperties[]={0.5f, 0.5f, 0.5f, 1.0f};
GLfloat diffuseProperties[]={0.8f, 0.8f, 0.8f, 1.0f};
GLfloat specularProperties[]={0.0f, 0.8f, 0.2f, 1.0f};
glClearDepth(1.0f);
m_ClearColorRed=1.0f;
m_ClearColorGreen=1.0f;
m_ClearColorBlue=1.0f;
glLightfv(GL_LIGHT0, GL_AMBIENT, ambientProperties);
glLightfv(GL_LIGHT0, GL_DIFFUSE, diffuseProperties);
glLightfv(GL_LIGHT0, GL_SPECULAR, specularProperties);
glLightModelf(GL_LIGHT_MODEL_TWO_SIDE, 1.0f);
//缺省情况下加光照
glEnable(GL_LIGHT0);
glEnable(GL_LIGHTING);
glClear(GL_COLOR_BUFFER_BIT | GL_DEPTH_BUFFER_BIT);
glClearColor(m_ClearColorRed,m_ClearColorGreen,m_ClearColorBlue,1.0f);
//设置定时器为 0.1 秒
SetTimer(0, 100, NULL);
return 0;
}
```

在屏幕窗口中可以定义一个矩形,称为视口(viewpoint),视景体投影后的图形就在视口内显示。这里需要注意的是,由于窗口大小的改变必须重新设置显示模式。

具体实现程序如下:

```
void CRenderView::OnSize(UINT nType, int cx, int cy)
{
    CView::OnSize(nType, cx, cy);
    //设置 OpenGL 投影、视口和矩阵模式
    CSize size(cx,cy);
    glViewport(0,0,size.cx,size.cy);
    glMatrixMode(GL_PROJECTION);
    glLoadIdentity();
    gluPerspective(45.0, 1.0f, 1.0f, 128.0);
    glMatrixMode(GL_MODELVIEW);
    glLoadIdentity();
    glDrawBuffer(GL_BACK);
    glEnable(GL_DEPTH_TEST);
}
```

3) 绘制及显示图形

按照具体要求,通过建立三维模型、设置运动轨迹、改变 OpenGL 的状态变量来绘制具有真实感的三维图形。

2. 应用 Visual LISP 建立

应用 Visual LISP 开发三维图形程序的步骤和流程图,如图 7.3 所示。

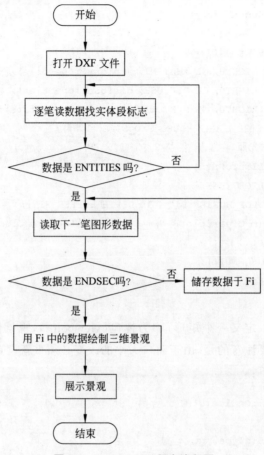

图 7.3   Visual LISP 程序流程图

1) 从 DXF 文件获取数据

从 DXF 文件获取数据的步骤是用 Visual LISP 打开 DXF 文件→反复读取数据判断直至找到实体段标志→读取数据→将直线和弧线的坐标等数据分别存入不同的数据文件 Fi 中→遇到 ENDSEC 取数据完毕→终止。

具体实现程序如下(以处理电缆管道为例):

```
//开始处理电缆管道
(setq fp(open "c:\\Program Files\\Acad2000\\A1\\elec.dxf" "r"))    //读取 dxf 各坐标
(setq dat1(read-line fp))
(setq u(read dat1))
    (princ "\n")
    (princ "U=")(princ U)
    (princ "\n")
```

```lisp
(while (/=dat1 "ENTITIES")
     (setq dat1(read-line fp))
        (princ "dat1=")(princ dat1)
     (setq u(read dat1))
        (princ "\n")   (princ "U=")(princ U)
        (princ "\n")
 )//end while
 (princ "找到了 ENTITIES 段")(princ)                    //找到了 ENTITIES 段
 (setq dat1(read-line fp))                           //开始找电缆井的中心坐标和半径
 (setq u(read dat1))
 (setq fq(open "c:\\Program Files\\Acad2000\\A1\\elechole.dxf" "w"))
   (close fq)
 (setq fl(open "c:\\Program Files\\Acad2000\\A1\\elecline.dxf" "w"))
   (close fl)
 (setq fa(open "c:\\Program Files\\Acad2000\\A1\\elecarc.dxf" "w"))
   (close fa)

 (while (/=dat1 "ENDSEC")
    (while (and (/=dat1 "CIRCLE") (/=dat1 "LWPOLYLINE") (/=dat1 "ENDSEC"))
    (setq dat1(read-line fp))
    (setq u(read dat1))
    (princ dat1)
    ) //endwhile CIRCLE
     (if (=dat1 "CIRCLE")
        (progn (while (/=u 10)
               (setq dat1(read-line fp))
               (setq u(read dat1))
               (princ dat1)
          ) //endwhile 10
          (setq dat1(read-line fp))          //读取圆心的 x 坐标
          (setq x1(read dat1))
          (setq dat1(read-line fp))          //读取 20
          (setq u(read dat1))
          (setq dat1(read-line fp))          //读取圆心的 y 坐标
          (setq y1(read dat1))
          (setq dat1(read-line fp))          //读取 30
        (setq u(read dat1))
          (setq dat1(read-line fp))          //读取圆心的 z 坐标 0.0
          (setq u(read dat1))
          (setq dat1(read-line fp))          //读取 40
          (setq u(read dat1))
          (setq dat1(read-line fp))          //读取圆半径 r
          (setq r(read dat1))
          (if ( and (>r 2.7584) (<r 2.7586))
```

```
            (progn(setq xyc(list x1 y1 r))        //读取圆心和半径
            (setq fq(open "c:\\ elechole.dxf" "a"))
            (princ xyc fq) (princ "\n" fq)
            (close fq)
            )       //end progn xyc
        )       //end if and >r<
    )       //end "progn(while (/=u 10)"
)           //end if dat1 circle

    (if (=dat1 "LWPOLYLINE")
        (progn (while (/=u 8)
                (setq dat1(read-line fp))
                (setq u(read dat1))
                (princ dat1)
            ) //endwhile 8
            (setq layer(read-line fp))        //读取 layer
            (setq  u(read layer))

            (while (/=u 90)
                (setq dat1(read-line fp))
                (setq u(read dat1))
                (princ dat1)
            ) //endwhile 90
            (setq dat1(read-line fp))        //读取 n points number
            (setq n(read dat1))

            (while (/=u 43)
                (setq dat1(read-line fp))
                (setq u(read dat1))
                (princ dat1)
            ) //endwhile 43
            (setq dat1(read-line fp))        //读取 width
            (setq width(read dat1))

            (if (and (=layer "电气") (or (and (>width 2.9)(<width 3.1)) (and
(>width 1.4)(<width 1.6))))
                (progn (setq dat1(read-line fp)) //读取 10
                    (setq u(read dat1))
                    (setq dat1(read-line fp))        //读取第一点的 x 坐标
                    (setq x1(read dat1))

                    (setq dat1(read-line fp))        //读取 20
                    (setq u(read dat1))
                    (setq dat1(read-line fp))        //读取第一点的 y 坐标
```

```
                         (setq y1(read dat1))

                       (repeat(-n 1)
                           (setq dat1(read-line fp))
                                           //读取下点的第一个数据,10 or 42
                           (setq u(read dat1))
                           (if (=u 42)
                             (progn (setq dat1(read-line fp))      //读取凸度 td
                                 (setq td(read dat1))
                                 (setq dat1(read-line fp))         //读取 10
                                 (setq u(read dat1))
                                 (setq dat1(read-line fp))         //读取 x2
                                 (setq x2(read dat1))
                                 (setq dat1(read-line fp))         //读取 20
                                 (setq u(read dat1))
                                 (setq dat1(read-line fp))         //读取 y2
                                 (setq y2(read dat1))

                                 (setq td2( * 2.0 (abs td)));solve alf
                                 (setq td1td2(-1.0 ( * (abs td) (abs td))))
                                 (setq xs(/ 360.0 3.14159265))
                                 (setq alf( * xs (atan td2 td1td2)))
                                 (if (<td 0.0) (setq alf( * -1.0 alf)))

                                 (setq xya(list x1 y1 x2 y2 alf td))
                                                        //存入 arc
                                 (setq fa (open "c:\\Program Files\\Acad2000\\
                     A1\\elecarc.dxf" "a"))
                                 (princ xya fa) (princ "\n" fa)
                                 (close fa)
                                 (setq x1 x2) (setq y1 y2)
                               )//end progn
                             (progn (setq dat1(read-line fp))      //读取 x2
                                 (setq x2(read dat1 ))
                                 (setq dat1(read-line fp))         //读取 20
                                 (setq u(read dat1))
                                 (setq dat1(read-line fp))         //读取 y2
                                 (setq y2(read dat1))

                                 (setq xyl(list x1 y1 x2 y2))      //存入 line
                                 (if (or (/=x1 x2) (/=y1 y2))
                                     (progn (setq fl(open "c:\\Program Files
                     \\Acad2000\\A1\\elecline.dxf" "a"))
                                         (princ xyl fl) (princ "\n" fl)
```

```
                                          (close f1)
                                     );end progn
                                     );end if or
                                 (setq x1 x2) (setq y1 y2)
                          )//end progn
                     )//end if u 42...
                 )//end repeat n-1
             )//end progn...                                    //存取 10
           )//end (if (and (=layer "电气")...
         )//end (progn (while (/=u 8)
       )//end if dat1 LWPOLYLINE
     )         ;endwhile dat1 ENDSEC
  (close fp) (princ "OK! 电缆井的中心坐标和半径寻找完毕!")
```

//找 ENTITIES 段的子程序
```
  (defun entis(filen)
    (setq fp(open filen "r"))                  //读取 dxf 各坐标,形成数据文件
    (setq dat1(read-line fp))                  //fp 为指针,dat1 为变量且带引号,即字符串
    (setq u(read dat1))                        //u 为变量,不是字符

    (princ "\n")
    (princ "U=") (princ U)                     //输出 dat1
    (princ "\n")

    (while (/=dat1 "ENTITIES")
      (setq dat1(read-line fp))
        (princ "dat1=") (princ dat1)
      (setq u(read dat1))
        (princ "\n")   (princ "U=") (princ U)
        (princ "\n")
    )//end while
    (princ "找到了 ENTITIES 段") (princ)        //找到了 ENTITIES 段
  )
  //end----------找 ENTITIES 段的子程序

//找坐标数据的子程序
(defun pointall(f1 f2 f3 layname w1 w2 w3 w4 w5 w6 w7 w8 w9 w10 w11 w12 w13 w14 w15
w16)
  (setq dat1(read-line fp))                    //开始找井的中心坐标和半径,管的坐标
  (setq u(read dat1))

  (setq fq(open f1 "w"))                        //建立数据文件
    (close fq)
```

```
(setq fl(open f2 "w"))                      //建立数据文件
  (close fl)

(setq fa(open f3 "w"))                      //建立数据文件
  (close fa)

(while (/=dat1 "ENDSEC")

    (while (and (/=dat1 "CIRCLE") (/=dat1 "LWPOLYLINE")(/=dat1 "ENDSEC"))
    (setq dat1(read-line fp))
    (setq u(read dat1))
    (princ dat1)
      ) //endwhile CIRCLE

    (if (=dat1 "CIRCLE")
        (progn (while (/=u 10)
            (setq dat1(read-line fp))
            (setq u(read dat1))
            (princ dat1)
            ) ;endwhile 10

            (setq dat1(read-line fp))           //读取圆心的 x 坐标
            (setq x1(read dat1))

            (setq dat1(read-line fp))           //读取 20
            (setq u(read dat1))
            (setq dat1(read-line fp))           //读取圆心的 y 坐标
            (setq y1(read dat1))

            (setq dat1(read-line fp))           //读取 30
            (setq u(read dat1))
            (setq dat1(read-line fp))           //读取圆心的 z 坐标 0.0
            (setq u(read dat1))

            (setq dat1(read-line fp))           //读取 40
            (setq u(read dat1))
            (setq dat1(read-line fp))           //读取圆半径 r
            (setq r(read dat1))
            (if (or(and (>r w1) (<r w2)) (and (>r w3) (<r w4))(and (>r w5)
(<r w6))(and (>r w7) (<r w8))(and (>r w9) (<r w10)))
                    (progn (setq xyc(list x1 y1 r))     //存取圆心坐标和半径
                        (setq fq(open f1 "a"))
                        (princ xyc fq)(princ "\n" fq)
                        (close fq)
```

```
                    );end progn xyc
                );end if and >r<


        );end "progn (while (/=u 10)"
    );end if dat1 circle


    (if (=dat1 "LWPOLYLINE")
      (progn (while (/=u 8
              (setq dat1(read-line fp))
              (setq u(read dat1))
              (princ dat1)
          ) ;endwhile 8
          (setq layer(read-line fp))              //读取 layer
          (setq  u(read layer))


          (while (/=u 90)
              (setq dat1(read-line fp))
              (setq u(read dat1))
              (princ dat1)
          ) ;endwhile 90
          (setq dat1(read-line fp))               //读取 n points number
          (setq n(read dat1))


          (while (/=u 43)
              (setq dat1(read-line fp))
              (setq u(read dat1))
              (princ dat1)
          ) ;endwhile 43
          (setq dat1(read-line fp))               //读取 width
          (setq width(read dat1))


          (if (and (=layer layname) (or (and (>width w11) (<width w12)) (and
(>width w13) (<width w14)) (and (>width w15) (<width w16))))
              (progn (setq dat1(read-line fp))    //读取 10
              (setq u (read dat1))
              (setq dat1(read-line fp))           //读取第一点的 x 坐标
              (setq x1(read dat1))


              (setq dat1(read-line fp))           //读取 20
              (setq u(read dat1))
              (setq dat1(read-line fp))           //读取第一点的 y 坐标
              (setq y1(read dat1))


              (repeat(-n 1)
```

```lisp
(setq dat1(read-line fp))   //读取下一点的第一个数据,10 或 42
(setq u(read dat1))
(if (=u 42)
  (progn (setq dat1(read-line fp))            //读取凸度 td
         (setq td(read dat1))
         (setq dat1(read-line fp))            //读取 10
         (setq u(read dat1))
         (setq dat1(read-line fp))            //读取 x2
         (setq x2(read dat1))
         (setq dat1(read-line fp))            //读取 20
         (setq u(read dat1))
         (setq dat1(read-line fp))            //读取 y2
         (setq y2(read dat1))

         (setq td2(* 2.0 (abs td)))//solve alf
         (setq td1td2(-1.0 (* (abs td) (abs td)))))
         (setq xs(/ 360.0 3.14159265))
         (setq alf(* xs(atan td2 td1td2)))
         (if (<td 0.0) (setq alf(* -1.0 alf)))

         (setq xya(list x1 y1 x2 y2 alf td))  //存取 arc
         (setq fa(open f3 "a"))
         (princ xya fa) (princ "\n" fa)
         (close fa)
         (setq x1 x2) (setq y1 y2)
  );end progn
  (progn (setq dat1(read-line fp))            //读取 x2
         (setq x2(read dat1))
         (setq dat1(read-line fp))            //读取 20
         (setq u(read dat1))
         (setq dat1(read-line fp))            //读取 y2
         (setq y2(read dat1))

         (setq xyl(list x1 y1 x2 y2))         //存取 line
         (if (or (/=x1 x2) (/=y1 y2))
             (progn (setq fl(open f2 "a"))
                    (princ xyl fl) (princ "\n" fl)
                    (close fl)
             )//end progn
         )//end if or
         (setq x1 x2) (setq y1 y2)
  )//end progn
)//end if u 42...
)//end repeat n-1
```

```
                )//end progn...                          //读取 10
              )//end (if (and (=layer "电气")...
            )//end (progn (while (/=u 8)
          )//end if dat1 LWPOLYLINE
        )//endwhile dat1 ENDSEC
      (close fp)(princ "OK! 井的中心坐标和半径寻找完毕!")(princ)
)
//end----------找坐标数据的子程序

//找弧的中心坐标和半径的子程序
(defun arcarc(f layname w1 w2 w3 w4)
  (setq dat1(read-line fp))                              //开始找井的中心坐标和半径,管的坐标
  (setq u(read dat1))

  (setq fq(open f "w"))                                  //建立数据文件存储
    (close fq)
  (while (/=dat1 "ENDSEC")

   (while (and (/=dat1 "ARC")(/=dat1 "ENDSEC"))
     (setq dat1(read-line fp))
     (setq u(read dat1))
     (princ dat1)
  ) //endwhile CIRCLE

   (if (=dat1 "ARC")
     (progn (while (/=u 10)
             (setq dat1(read-line fp))
             (setq u(read dat1))
             (princ dat1)
         ) //endwhile 10

         (setq dat1(read-line fp))           //读取圆心的 x 坐标
         (setq x1(read dat1))

         (setq dat1(read-line fp))           //读取 20
         (setq u(read dat1))
         (setq dat1(read-line fp))           //读取圆心的 y 坐标
         (setq y1(read dat1))

         (setq dat1(read-line fp))           //读取 30
         (setq u(read dat1))
         (setq dat1(read-line fp))           //读取圆心的 z 坐标 0.0
         (setq u(read dat1))
```

```
    (setq dat1(read-line fp))              //读取 40
    (setq u(read dat1))
    (setq dat1(read-line fp))              //读取弧的半径 r
    (setq r(read dat1))

    (while (/=u 50)
        (setq dat1(read-line fp))
        (setq u(read dat1))
        (princ dat1)
    ) //endwhile 50

    (setq dat1(read-line fp))              //读取弧的起始角
    (setq angle1(read dat1))

    (setq dat1(read-line fp))              //读取 51
    (setq u(read dat1))
    (setq dat1(read-line fp))              //读取弧的终止角
    (setq angle2(read dat1))

    (if (or(and (>r w1) (<r w2))(and (>r w3) (<r w4)))
        (progn (setq xyc(list x1 y1 r angle1 angle2))    //存取弧圆心和半径
                (setq fq(open f "a"))
                (princ xyc fq)(princ "\n" fq)
                (close fq)
        )//end progn xyc
      )//end if and >r<
    )//end "progn (while (/=u 50)"
   )//end if dat1 ARC
  )//endwhile dat1 ENDSEC
(close fp)(princ "OK! 弧的中心坐标、半径寻、角度寻找完毕!")(princ)
)
//end----------找弧的中心坐标和半径的子程序
```

2）调用 Fi 文件绘制三维景观

用 Visual LISP 打开上一步的数据文件 Fi，调用其数据，用 Visual LISP 的命令绘制三维景观。

具体实现程序如下（以绘制电缆管道和电缆井为例）：

```
    //下面用找到的多义线中的直线的坐标画电缆线
(setq fl(open "c:\\Program Files\\Acad2000\\A1\\elecline.dxf" "r"))
    (graphscr)                             //draw 环境
    (command "ucs" "w")
    (command "limits" (list 0 0) (list 3000 2200))
    (command "snap" "off")                 //关闭捕捉
    (command "grid" "off")                 //关闭栅格
```

```
    (command "ortho" "off")                                  //关闭正交
    (command ".osmode" "0")                                  //关闭对象捕捉
    (setvar "isolines" 36)
    (command "surftab1" "36")
    (command "surftab2" "36")
    (command "zoom" "a")
    (command "undefine" "zoom")                              //erase zoom
    (command "-layer" "n" "elec" "s" "elec" "c" "2" "" "")   //建立新图层 elec
    (command "color" 2)
(while (/=(setq dat1(read-line fl)) nil)
    (princ "dat1=")(princ dat1)
    (setq u(read dat1))
    (princ "\n")(princ "U=")(princ U)(princ "\n")
    (setq x1(car u))
    (setq y1(cadr u))
    (setq x2(caddr u))
    (setq y2(nth 3 u))
 (setq hxy12(sqrt(+( * (-x2 x1)(-x2 x1))( * (-y2 y1)(-y2 y1))))))   //柱高
    //移动 UCS,准备画柱
    (setq p1(list x2 y2 0))
    (setq p2(list x1 y1 0))                                  //p3 有 8 种情况
    (cond((and (>x1 x2)(>y1 y2)) (setq p3(list x2 y1 0)))   //1st xiang-xian
         ((and (<x1 x2)(>y1 y2)) (setq p3(list x1 y2 0)))   //2nd xiang-xian
         ((and (<x1 x2)(<y1 y2)) (setq p3(list x2 y1 0)))   //3rd xiang-xian
         ((and (>x1 x2)(<y1 y2)) (setq p3(list x1 y2 0)))   //4th xiang-xian
         ((and (>x1 x2)(=y1 y2)) (setq p3(list x2 (+y1 10) 0)))
                                                            //21 is x+axil
         ((and (=x1 x2)(>y1 y2)) (setq p3(list (-x2 10) y2 0)))
                                                            //21 is y+axil
       ((and (<x1 x2)(=y1 y2)) (setq p3(list x2 (-y1 10) 0)))
                                                            //21 is x - axil

         ((and (=x1 x2)(<y1 y2)) (setq p3(list (+x1 10) y2 0)))
                                                            //21 is y-axil
    )
    (command "ucs" "n" "3" p1 p2 p3)  //ucs 移原点到多义线始点且使 x 轴沿其方向移动
    (command "ucs" "y" "")                               //ucs 沿 y 轴旋转 90 度
    (command "cylinder" (list 0 0 0) 0.5 hxy12)          //画柱,小圆,r=0.5
    (command "ucs" "w")
)        //end-while
(close fl)                                               //直线电缆线绘制完毕
    //下面用找到的多义线中的弧线的坐标画电缆线
(setq fa(open "c:\\Program Files\\Acad2000\\A1\\elecarc.dxf" "r"))
    (while (/=(setq dat1(read-line fa)) nil)
```

```
      (princ "dat1=")(princ dat1)
      (setq u(read dat1))
      (princ "\n")(princ "U=")(princ U)(princ "\n")
    (setq x1(car u))
    (setq y1(cadr u))
    (setq x2(caddr u))
    (setq y2(nth 3 u))
    (setq alf(nth 4 u))                              //不是弧度,是度
    (setq td(nth 5 u))
    (setq l(sqrt(+(* (-x2 x1)(-x2 x1))(* (-y2 y1)(-y2 y1)))))
    (setq r(/ (+(/ l (abs td))(* l (abs td))) 4.0))
    (setq e(/ l 2.0))
     (setq r2je2(sqrt(-(* r r)(* e e))))
     (setq alf12(atan (-y2 y1)(-x2 x1)))             //弧度
     (setq blt(-alf12 (/ 3.14159265 2.0)))           //弧度
     (if (or(and (>td 0.0)(<=(abs td) 1.0))(and(<td 0.0)(>=(abs td) 1.0)))
     (setq blt(+alf12 (/ 3.14159265 2.0)))
   )
    (setq xm(/(+x1 x2) 2.0))
    (setq ym(/(+y1 y2) 2.0))
    (setq xo(+xm(* r2je2(cos blt))))
    (setq yo(+ym(* r2je2(sin blt))))
    (command "torus" (list xo yo 0) r 0.5)
    (setq alf1o(atan(-y1 yo)(-x1 xo)))          //以 o 为圆心,1 点的开始角度,2 点
                                                //的结束角度
    (setq alf2o(atan(-y2 yo)(-x2 xo)))
    (setq alfm(/ (+alf1o alf2o) 2.0))
    (setq xp (+xo(* r (cos alfm))))
    (setq yp (+yo(* r (sin alfm))))
  (if (<=(abs alf) 180)
   (progn
   (command "slice" "l" "" "3" (list x1 y1 0) (list xo yo 0) (list xo yo 10)
(list xp yp 0))
     (command "slice" "l" "" "3" (list x2 y2 0) (list xo yo 0) (list xo yo 10)
(list xp yp 0))
     )
     (progn
     (command "slice" "l" "" "3" (list x1 y1 0) (list xo yo 0) (list xo yo 10) "b")
     (command "slice" "l" "" "3" (list x2 y2 0) (list xo yo 0) (list xo yo 10) "b")
     (setq xq(-(* xo 2.0) xp))
     (setq yq(-(* yo 2.0) yp))
     (command "erase" (list xq yq 0) "")
     )
     )
```

```lisp
            ) //end-while
        (command "ucs" "w")
        (close fa)                              //圆弧电缆线绘制完毕
(setq h -1.3)                                    //画出的实体下移于地下 h=-1.3
(command "move" "all" "" (list 0 0 0) (list 0 0 h))


//下面画电缆井
    (setq fq(open "c:\\Program Files\\Acad2000\\A1\\elechole.dxf" "r"))
    (command "elev" 0 -1.8)
    (command "surftab1" "36")
(while (/=(setq dat1(read-line fq)) nil)
        (princ "dat1=")(princ dat1)
        (setq u(read dat1))
        (princ "\n")(princ "U=")(princ U)(princ "\n")
        (setq x1(car u))
        (setq y1(cadr u))
        (setq r(caddr u))
        (command "circle" (list x1 y1) r)          //circle
) //end-while
        (command "elev" 0 0)
        (command "ucs" "w")
        (close fq)                              //电缆井绘制完毕
        (princ "OK! 井绘制完毕!")(princ)
        (command "-layer" "lo" "elec" "")
        //结束处理电缆管道


//画直线管的子程序
(defun lineall(f layname color)
    (setq fl(open f "r"))
        (graphscr)                              //draw 环境
        (command "ucs" "w")
        (command "limits" (list 0 0) (list 3000 2200)) ;limits
        (command "snap" "off")                  //关闭捕捉
        (command "grid" "off")                  //关闭栅格
        (command "ortho" "off")                 //关闭正交
        (command "osmode" "0")                  //关闭对象捕捉

        (command "zoom" "a")
        (setvar "isolines" 36)
        (command "-layer" "n" layname "s" layname "c" color "" "")
                                                //建立新图层 elec

    (while (/=(setq dat1(read-line fl)) nil)
            (princ "dat1=")(princ dat1)
```

```
(setq u(read dat1))
  (princ "\n")(princ "U=")(princ U)(princ "\n")


(setq x1(car u))
(setq y1(cadr u))
(setq x2(caddr u))
(setq y2(nth 3 u))

(setq hxy12 (sqrt(+(* (-x2 x1)(-x2 x1))(* (-y2 y1)(-y2 y1)))))
                                              //柱高


//移动 UCS,准备画柱
(setq p1(list x2 y2 0))
(setq p2(list x1 y1 0))                            //p3 有 8 种情况
(cond ((and (>x1 x2)(>y1 y2)) (setq p3(list x2 y1 0))) //1st xiang-xian
      ((and (<x1 x2)(>y1 y2)) (setq p3(list x1 y2 0))) //2nd xiang-xian
      ((and (<x1 x2)(<y1 y2)) (setq p3(list x2 y1 0))) //3rd xiang-xian
      ((and (>x1 x2)(<y1 y2)) (setq p3(list x1 y2 0))) //4th xiang-xian
      ((and (>x1 x2)(=y1 y2)) (setq p3(list x2 (+y1 10) 0)))
                                                         //21 is x+axil
      ((and (=x1 x2)(>y1 y2)) (setq p3(list (-x2 10) y2 0)))
                                                         //21 is y+axil
      ((and (<x1 x2)(=y1 y2)) (setq p3(list x2 (-y1 10) 0)))
                                                         //21 is x-axil
      ((and (=x1 x2)(<y1 y2)) (setq p3(list (+x1 10) y2 0)))
                                                         //21 is y-axil
) //3rd point

(command "ucs" "n" "3" p1 p2 p3)
                             //ucs 移原点到多义线始点且 x 轴沿其方向移动
(command "ucs" "n" "y" 90)      //ucs 沿 y 轴旋转 90 度
                               //(command "erase" "l" "")
                               //erase line


(command "cylinder" (list 0 0 0) 0.5 hxy12)      //画柱,小圆,r=0.5
(command "ucs" "w")

) //end-while
  (close fl)                                    //直线管绘制完毕
)
//end----------画直线管的子程序

//画弧线管的子程序
(defun arcall(f)
```

```lisp
        (setq fa(open f "r"))
          (graphscr)                                    //draw 环境
            (command "ucs" "w")
            (command "snap" "off")                      //关闭捕捉
            (command "grid" "off")                      //关闭栅格
            (command "ortho" "off")                     //关闭正交
            (command "osmode" "0")                      //关闭对象捕捉

      (while (/=(setq dat1(read-line fa)) nil)
          (princ "dat1=")(princ dat1)
          (setq u(read dat1))
           (princ "\n")(princ "U=")(princ U)(princ "\n")

          (setq x1(car u))
          (setq y1(cadr u))
          (setq x2(caddr u))
          (setq y2(nth 3 u))
          (setq alf(nth 4 u))                           //不是弧度,是度
          (setq td(nth 5 u))

          (setq l(sqrt(+( * (-x2 x1)(-x2 x1))( * (-y2 y1)(-y2 y1)))))
          (setq r(/ (+(/ l (abs td))( * l (abs td))) 4.0))
          (setq e(/ l 2.0))
          (setq r2je2(sqrt(-( * r r)( * e e))))
          (setq alf12(atan(-y2 y1)(-x2 x1)))            //弧度
          (setq blt(-alf12(/ 3.14159265 2.0)))          //弧度
          (if (or(and (>td 0.0)(<=(abs td) 1.0))(and(<td 0.0)(>=(abs td) 1.0)))
             (setq blt(+alf12(/ 3.14159265 2.0)))
            )
          (setq xm (/ (+x1 x2) 2.0))
      (setq ym(/ (+y1 y2) 2.0))
      (setq xo(+xm ( * r2je2 (cos blt))))
      (setq yo(+ym ( * r2je2 (sin blt))))

      (command "torus" (list xo yo 0) r 0.5)

      (setq alf1o(atan (-y1 yo) (-x1 xo)))              //弧度,以 o 为圆心,1 点的
                                                        //开始角,2 点的结束角
      (setq alf2o(atan (-y2 yo) (-x2 xo)))
      (setq alfm(/ (+alf1o alf2o) 2.0))
      (setq xp (+xo ( * r (cos alfm))))
      (setq yp (+yo ( * r (sin alfm))))

      (if (<=(abs alf) 180)
```

```
      (progn
        (command "slice" "1" "" "3" (list x1 y1 0) (list xo yo 0) (list xo yo 10)
(list xp yp 0))                                    //剖切
        (command "slice" "1" "" "3" (list x2 y2 0) (list xo yo 0) (list xo yo 10)
(list xp yp 0))
      )
        (progn
          (command "slice" "1" "" "3" (list x1 y1 0) (list xo yo 0) (list xo yo 10) "b")
                                                   //剖切
          (command "slice" "1" "" "3" (list x2 y2 0) (list xo yo 0) (list xo yo 10) "b")
          (setq xq(-( * xo 2.0) xp))
          (setq yq(-( * yo 2.0) yp))
          (command "erase" (list xq yq 0) "")
        )
    )


    ) //end-while
  (close fa)                                        //圆弧管绘制完毕
)
//end----------画弧线管的子程序

//画井的子程序
(defun hole(f h)
  (setq fq(open f "r"))
      (graphscr)                                    //draw 环境
      (command "ucs" "w")
      (command "snap" "off")                        //关闭捕捉
      (command "grid" "off")                        //关闭栅格
      (command "ortho" "off")                       //关闭正交
      (command "osmode" "0")                        //关闭对象捕捉

      (command "elev" 0 h)
      (command "surftab1" "36")

  (while (/=(setq dat1(read-line fq)) nil)
      (princ "dat1=")(princ dat1)
      (setq u(read dat1))
       (princ "\n")  (princ "U=")(princ U)(princ "\n")

      (setq x1(car u))
      (setq y1(cadr u))
      (setq r(caddr u))

       (command "circle" (list x1 y1) r)
```

```
) //end-while
(command "elev" 0 0)
(close fq)                                          //电缆井绘制完毕
(command "ucs" "w")
(princ "OK! 井绘制完毕!")(princ)
)
//end----------画井的子程序
```

用上述程序建立的部分地下管网如图 7.4 所示。

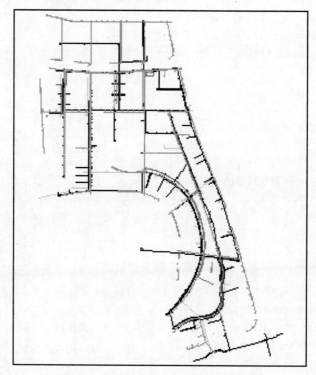

图 7.4   计算机建立的地下管网三维景观

AutoCAD 本身有各种绘图命令,不必自己编写,直接调用即可。通过一步步调用 Fi 数据,一步步地绘图,从而用编程方式绘制出三维景观。图 7.5 是用 Visual LISP 建立的 地上建筑的三维景观图。

3)展示景观

用 AutoCAD 的三维动态观察器、实时缩放、实时平移、窗口缩放、视点设置等功能对 三维景观进行展示,用不同的视点、角度、放大倍数观察景观,也可编程设置观察轨迹,显 示三维景观,十分灵活。

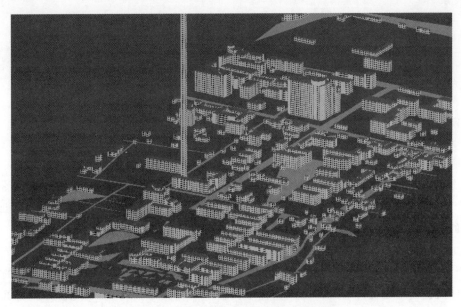

图 7.5　计算机建立的地上建筑三维景观

第 8 章
虚拟现实技术的应用

虚拟现实技术是 20 世纪末兴起的一门崭新的综合性信息技术,它融合了数字图像处理、计算机图形学、多媒体技术、传感器技术等多个信息技术分支,大大推进了计算机应用技术的发展。

由于虚拟现实技术生成的视觉环境是立体的,音效是立体的,人机交互是和谐友好的,因此它将一改人与计算机之间交流时枯燥、生硬和被动的现状,即计算机创造的环境将会使人们陶醉在流连忘返的工作环境中。虚拟现实技术具有“3I”特点,分别是沉浸感(Immersion)、交互性(Interaction)和想象性(Imagination)。

虚拟现实技术分虚拟实景(境)技术(如虚拟游览故宫博物院)与虚拟虚景(境)技术(如虚拟现实环境生成等)两大类。

虚拟现实技术的应用领域和交叉领域非常广泛,几乎到了无所不包、无处不在的地步,虚拟现实技术战场环境,虚拟现实作战指挥模拟,飞机、船舶、车辆虚拟现实驾驶训练,飞机、导弹、轮船与轿车的虚拟制造(含系统的虚拟设计),虚拟现实建筑物的展示与参观,虚拟现实手术培训,虚拟现实游戏,虚拟现实影视艺术等,这些都有强烈的市场需求和技术驱动。

权威人士断言,虚拟现实技术是 21 世纪信息技术的代表。它的发展,不仅从根本上改变人们的工作方式和生活方式,劳和逸将真正结合起来——人们在享受的环境中工作,在工作过程中得到享受,而且虚拟现实技术与美术、音乐等文化艺术的结合,将诞生人类的第九艺术。

随着计算机技术的发展,在计算机上实现虚拟现实技术已成为可能。目前,虚拟现实技术系统的运行分为单机桌面和因特网两种主要方式,它对计算机硬件技术和网络技术的发展和应用也有很大的刺激作用。

在今天的现实生活中,常常需要将大楼景观实现计算机化(在决策、竞标和楼盘出售时尤其需要如此),以虚拟现实的方式实现其动态展示和交互式观察,这必须用计算机进行三维重建。

用计算机进行三维重建是一个研究热点。用计算机进行三维重建的方法较多,但在动态展示和交互式观察方面,其方便程度和灵活性差别很大。笔者通过深入的研究和试验,获得了这两方面的方便性和灵活性都很高的技术。该技术综合采用了 AutoCAD、3ds Max、Photoshop 等工具,如果是已建好的大楼,还需要用数码照相机到实地从各个不同的角度进行拍摄,再使用图像处理软件对拍摄的照片进行剪裁、修复、调整透视等处理。

本章介绍虚拟现实技术的分类和桌面虚拟现实技术,重点介绍大楼的计算机三维建模技术和用 3ds Max 进行重建处理的技术。

进入 3ds Max 后的工作,大体分为如下 5 个步骤:

(1) 建立多维材质;

(2) 建立大楼模型并赋予材质;

(3) 对大楼模型指定 ID 号,按 ID 号分配材质;

(4) 分别调整大楼的体量及贴图;

(5) 动画制作等。

8.1　虚拟现实技术的分类

虚拟现实是从英文 Virtual Reality(VR)一词翻译过来的,Virtual 就是虚拟的意思,Reality 就是真实的意思,合并起来就是虚拟现实,也就是说本来没有的事物和环境,通过各种技术虚拟出来,让人感觉到就如真实的一样。

实际应用的虚拟现实系统可分为如下 3 类:

(1) 桌面虚拟现实系统,也称窗口中的 VR,成本低,主要用于 CAD/CAM、建筑设计等领域;

(2) 沉浸式虚拟现实系统,使用头盔显示器把用户的视觉、听觉及其他感觉封闭起来,产生一种身临其境的错觉;

(3) 分布式虚拟现实系统,它建立在沉浸式虚拟现实系统和分布式交互仿真(Distributed Interaction Simulation,DIS)的基础上。

8.2　桌面虚拟现实技术

随着计算机技术和互联网技术的发展,桌面虚拟现实技术近几年来显得非常活跃,下面重点介绍桌面虚拟现实技术方案。在众多的虚拟现实技术方案中,最典型、最著名的当属 VRML(Virtual Reality Modeling Language,虚拟现实建模语言),它是一项与多媒体通信(Multimedia Communication)、因特网(Internet)、虚拟现实(Virtual Reality,VR)等领域密切相关的新技术,其基本目标是建立因特网上的交互式三维多媒体。VRML 的发展过程如下。

VRML 开始于 20 世纪 90 年代初期。1994 年 3 月在日内瓦召开的第一届 WWW 大会上,首次正式提出 VRML 这个名字。1994 年 10 月在芝加哥召开的第二届 WWW 大会上公布了 VRML1.0 标准。VRML1.0 可以创建静态的 3D 景物,但没有声音和动画,用户可以在它们之间移动,但不允许用户使用交互功能来浏览三维世界。它只是一个可以探索的静态世界。

1996 年 8 月在新奥尔良召开的优秀 3D 图形技术会议——SIGGRAPH'96 上公布通过了 VRML2.0 标准,它在 VRML1.0 的基础上进行了很大的补充和完善。VRML2.0 标准以 SGI 公司的动态境界 Moving Worlds 提案为基础,比 VRML1.0 增加了近 30 个节点,增强了静态世界,使 3D 场景更加逼真,并增加了交互性、动画功能、编程功能、原形定义功能。

1997 年 12 月,VRML 作为国际标准正式发布,1998 年 1 月正式获得国际标准化组织(ISO)的批准(国际标准号 ISO/IEC14772-1:1997),简称 VRML97。VRML97 在 VRML2.0 基础进行上进行了少量的修正,它意味着 VRML 已经成为虚拟现实行业的国际标准。

1999 年年底,VRML 的又一种编码方案 X3D 草案发布。X3D 整合正在发展的 XML、Java、流技术等先进技术,包括了更强大、更高效的 3D 计算能力、渲染质量和传输速度,以及对数据流强有力的控制,多种多样的交互形式。

2000 年 6 月,世界 Web3D 协会发布了 VRML2000 国际标准(草案),2000 年 9 月又发布了 VRML2000 国际标准(草案修订版)。2002 年,正式发表 X3D 标准,及相关 3D 浏览器。由此,虚拟现实技术进入了一个崭新的发展时代。

Web3D 协会组织包括 97 家会员,包括 Sun、Sony、HP、Oracle、Philips、3Dlabs、ATI、3dfx、Autodesk/Discreet、ELSA、Division、Multigen、Elsa、NASA、Nvidia、France Telecom 等公司。

其中以 Blaxxun 和 Parallel Graphics 公司为代表,它们都有各自的 VR 浏览器插件,并各自开发了基于 VRML 标准的扩展节点功能。它们使 3D 的效果、交互性能更加完美;支持 MPEG、Mov、Avi 等视频文件,Rm 等流媒体文件,WAV、MIDI、MP3、AIFF 等多种音频文件,Flash 动画文件,多种材质效果,支持 Nurbs 曲线,粒子效果,雾化效果;支持多人的交互环境,VR 眼镜等硬件设备;在娱乐、电子商务等领域都有成功的应用。在虚拟场景,尤其是大场景的应用方面,以 VRML 标准为核心的技术具有独特的优势。

以上是以虚拟现实工业标准为代表的主流技术,随着技术的不断完善,与其他技术的相互融合,宽带互联网时代的到来,虚拟现实应用的广泛性、重要性会日益体现出来。但目前由于技术的局限性,如带宽不够,需要下载插件浏览,文件量大,真实感、交互性需要进一步加强等原因,有一些公司以其他技术为基础,开发了目前比较实用的 VR 技术,如表 8.1 所示。

表 8.1　VR 技术

VR 技术	展示方式	说　　明
全景照片 (插件或 Java)	物体/场景	全景照片技术是基于 Java 的系列全景图片和连续图片处理软件,产品是模拟的 3D,使用简捷、高效,并有多种交互效果
Viewpoint (需插件)	物体/场景	Viewpoint 可以创建照片级真实的 3D 影像,并且可以和其他高端媒体(rich media)综合使用,更加引人注目的是,在目前窄带环境里 Viewpoint 同样可以发挥逼真的效果。Viewpoint 基于 XML 技术
Cult3D (需插件)	物体/场景	Cult3D 的文件量非常小(20~200KB),却有近乎完美的 3D 质感表现、3D 真实互动、跨平台运用,完整地显现企业产品外形及功能表现。Cult3D 基于 Java 技术

VR 技术	展示方式	说　明
Pulse3D (需插件)	物体/场景	Pulse 在娱乐游戏领域发展已经有好多年的历史,现在,Pulse 凭着在游戏方面的开发经验把 3D 带到了网上,它瞄准的目标市场也是娱乐业
B3D (需插件)	物体/场景	Brilliant Digital 娱乐公司是一个坐落在洛杉矶并涉足澳大利亚计算机游戏业的公司。Brilliant 于 SIGGRAPH2000 大会上发布了他们为 3D Studio Max(即 3ds Max)提供的 B3D 技术
VRML (需插件)	场景	VRML 语言源于 1994 年 3 月在瑞士日内瓦召开的一次题为 *Virtual Reality Markup Language and the World Wide Web*(虚拟现实标注语言与万维网)的会议。以此为开端,VRML1.0 标准于 1994 年 10 月在美国芝加哥召开的第二次世界 World Wide Web 大会上发布
Atmosphere (需插件)	场景	Adobe 公司推出了一个可以通过因特网连接多用户的三维环境式在线聊天工具。 Atmosphere 场景的开发相对来说比较容易。Adobe 公司提供了制作工具 Atmosphere Builder,可在 Adobe 的站点免费下载

虚拟现实系统必须从技术上解决如下问题:

(1) 动态环境建模技术,这是核心技术;

(2) 实时三维图形生成技术,足够的刷新频率(不低于 15 帧/秒,应达到 30 帧/秒)和清晰度,宽视场立体显示(白光全息技术无须佩戴)技术;

(3) 传感器技术,尤其是触觉、力觉等传感器技术;

(4) 应用系统开发工具;

(5) 系统集成技术。

在笔者的数字化城市科研项目中,使用了技术上比较成熟的 VRML97。

VRML 是一种 3D 交换格式,它定义了当今 3D 应用中的绝大多数常见概念,诸如变换层级、光源、视点、几何、动画、雾、材质属性和纹理映射等。VRML 的基本目标是确保能够成为一种有效的 3D 文件交换格式。

VRML 是 HTML 的 3D 模型,它把交互式三维能力带入了万维网,即 VRML 是一种可以发布 3D 网页的跨平台语言。事实上,三维提供了一种更自然的体验方式,例如游戏,工程和科学可视化,教育和建筑。诸如此类的典型项目仅靠基于网页的文本和图像是不够的,而是需要增强交互性、动态效果连续感以及用户参与探索,这正是 VRML 的目标。

VRML 提供的技术能够把三维、二维、文本和多媒体集成为统一的整体。当把这些媒体类型和脚本描述语言(scripting language)以及因特网的功能结合在一起时,就可能产生一种全新的交互式应用。VRML 在支持经典二维桌面模型的同时,把它扩展到更广阔的时空背景中。

VRML 是赛博空间(cyberspace)的基础。赛博空间的概念是由科幻作家 William Gibson 提出的。虽然 VRML 没有为真正的用户仿真定义必要的网络和数据库协议,但是应该看到 VRML 迅速发展的步伐,作为标准,它必须保持简单性和可实现性,并在此前提下鼓励前沿性的试验和扩展。

VRML 文件的扩展名为 wrl,可以使用普通的文本编辑器对之进行编辑,其文件结构分为文件头、场景图、原型、事件的路由 4 部分。其中,只有文件头是必需的。

在实际开发过程中,如果完全用写代码的方式来完成虚拟场景的创建,那将是非常低效的,甚至是不可能的。在科研项目的研究中,笔者选择了非常流行的三维软件 3ds Max,在 3ds Max 中提供了 VRML97 工具,该工具是用来创建可被任何 VRML97 浏览器浏览的场景文件。3ds Max 提供了 12 种不同类型的 VRML97 辅助工具,分别是 Anchor(锚)、ProxSensor(范围感应器)、NavInfo(浏览信息)、Fog(雾)、Sound(声音)、LOD(细节级别)、TouchSensor(触动感应器)、TimeSensor(时间感应器)、Background(背景)、AudioClip(音频裁切版)、Billboard(广告牌)、Inline(在线帮助)。

虚拟现实三维场景创建好以后,需要在主页里嵌入 VRML 场景。将 VRML 插入主页的语法如下:

```
<EMBED  SRC="test.wrl"  WIDTH=300  HEIGHT=200>
```

也可以在 Frontpage 2000 或 Dreamweaver 的框架中指定源文件为 test.wrl 或链接 test.wrl。事实上,也可以直接用浏览器打开它,前提是已经安装了浏览 VRML 文件所必需的插件。

虚拟现实技术的发展是在网络技术前进基础上融合多种技术的结果。随着网络时代宽带大规模应用的到来,市场对虚拟现实技术的应用越来越迫切,大有风雨欲来风满楼之势。X3D、Cult3D、Viewpoint、360°环视等技术将逐步被广泛应用。将来,虚拟现实技术在因特网的应用,应有重大变革。像 Autodesk/Discreet、Macromedia、Adobe 等知名 IT 公司均保持与虚拟现实技术的紧密联系,或有接口,或发布相关产品,加大在因特网的比重。总之,要紧密关注,拭目以待。

8.3   数字城市的三维图形系统及其构建技术

数字城市以信息高速公路为基础,对广泛的数据源进行统一组织,有效地管理并融合海量信息采集、数据挖掘、知识提取等技术,提供虚拟现实界面和较强的决策管理功能,实现支持城市可持续发展的城市信息生活空间。数字城市建设将从各方面体现信息对人类的重要性并促进人类的信息需求,从而使信息发展成为一个新的经济增长点。由于数字城市的建设,城市概念和结构等将发生重大变化,城市人口、工厂布局、经济模式等将发生根本的变革。

三维图形系统作为"数字城市"地理空间框架建设工程的一个重要组成部分,模型数据成果能较好地从多角度体现城市的立体景观,较直观且真实地还原城市风貌,为城市的规划、建设以及民众生活带来便利。

虚拟现实,用虚拟的世界来模拟现实世界,使现实世界得以虚拟再现,真正实现现实世界的网络远程再现,使得在世界的任何角落都能浏览相距遥远的某一特定领域的现状。

一个事物可以用一张或几张效果图来展现,或者以动画来增强效果,但却无法实现自主控制浏览。而虚拟现实则更好地弥补了这一点。它使观者由被动变为主动,可以任意浏览场景中的任意角落。

下面简述 3ds Max 的常用命令,以更好地理解虚拟现实的功能。

Top/Front/Left/Perspective:顶视图/前视图/左视图/透视图。

Bottom/Back/Right/Camera01:底视图/后视图/右视图/相机视图。

Smooth+Highlights/Facets:光滑+高光方式/面方式显示。

WireFrame/EdgedFaces/Bounding box:线框方式/面与边线方式/box 方式显示。

Show Grid/Show Background:显示网络/显示背景图像。

Show Safe Frame:显示安全范围。

Viewport Clipping:视图裁剪。

Texture Correction:显示纹理连接。

Disable View:取消视图刷新。

Undo View Zoom Extents:撤销视图调整。

Target Comera/Free Comera:目标相机/自由相机。

Lens/Fov/Stock Lenses/Type:镜头大小/镜头视角/标准镜头/类型。

Show Cone/Show Horizor:显示镜头锥角/显示地平线。

Environment Ranges:景深参数设置。

Clipping Planes/Clip Manual:剖切面/自定义剖面。

Near Clip/Far Clip:近剖面距离/远剖面距离。

Spot/Direct/Omni:聚光灯/平行光灯/泛光灯。

Type/Exclude/Cast Shadows:灯光类型/排除/阴影打开。

Multiplier/Contrast:倍增器/边缘对比。

Overshoot/Hotspot/Falloff:透射/完全聚光区/衰减区。

Circle/Rectangle/Aspect:圆形/方形/长宽比例。

Attenuation/Start/End/Decay:衰减设置/起始/结束/误减。

Shadow Map/Ray Traced Shadows:阴影贴图/光线跟踪阴影方。

在实际创作过程中,可以借助三维建模工具软件来辅助生成三维场景,就像用可视软件开发工具生成软件界面一样,没必要为生成界面而去写代码(在网页设计中现在也多用可视化设计方法,而不是完全地用 HTML 语言),场景生成后再借助添加代码来增强一些功能,达到目的。

可以用数码相机到现场从各个不同的角度进行实地拍摄,然后再使用图像处理软件对拍摄的照片进行处理,如进行剪裁、修复、调整透视等。对于调整好的图像还要进行合理命名、存储管理,这样可以避免在大型三维场景重建时造成混乱。

进入 3ds Max 后的工作大体分为 4 个步骤:创建多维材质;创建大楼模型并赋予材质;对大楼模型指定 ID 号,按 ID 号分配材质;分别调整大楼的体量及贴图的位置尺寸。

8.4　建立多维材质

可用 3ds Max 建立多维材质。

进入 3ds Max,使用材质编辑器,在 Material/Map Browser(材质/贴图浏览器)中选择 Multi/Sub-Object(多维材质),弹出 Replace Material 对话框后,单击 OK 按钮。

然后根据实际需要,进行多维材质的维数设置,如可将维数设置为 3:单击 Set Number 按钮,弹出 Set Number of Materials 对话框,在 Number of Materials 中输入 3,单击 OK 按钮。在 Name 栏中可以分别输入名字加以区别,例如输入 front、side、top 等,如图 8.1 所示。

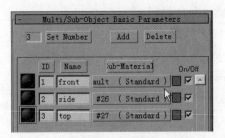

图 8.1　设置维数

下面开始设置每一维子材质。单击 front 右边的按钮,进入它的下一层,单击 Diffuse 色块右边的按钮,在 Material/Map Browser 中选择 Bitmap(位图),然后在 Select Bitmap Image File(选择位图文件)对话框中选择大楼前面的照片,单击 Open 按钮。这时自动进入该材质的下一层设置界面。单击 ▩ 按钮,该按钮的作用是让贴图在视图中显示出来,然后单击 ▩ 按钮,回到上一层,这时会发现原来 Diffuse 色块右边的按钮上多了一个字母标识 M,表示使用了贴图。再一次单击 ▩ 按钮,回到顶级,用同样的方法设置 side 的贴图。图 8.2 是其中的一个对话框。

图 8.2　设置每一维子材质

经过这样的过程,就建立了一个多维材质。

8.5　建立大楼模型并赋予材质

建立一个大楼的通常方法是对大楼进行几何分解,分成各个基本的部分,分别建立后,再用布尔运算进行组合。基本的建模方法如下。

（1）拉伸法。建立二维截面，再使用 Extrude 命令对其进行拉伸，变成三维形体，工程上常称这种形体为二维半立体，这种建模方法使用较为广泛，大部分建筑的主体都可以使用这种方法建立，如图 8.3 和图 8.4 所示。

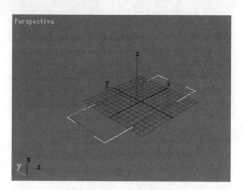

图 8.3　创建二维截面

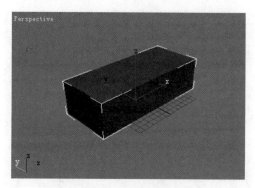

图 8.4　用 Extrude 命令拉伸

（2）旋转法。建立形体的半截面，使用 Lathe 命令绕轴旋转得到三维模型，这种方法适合建立旋转类形体，如图 8.5 和图 8.6 所示的立柱。

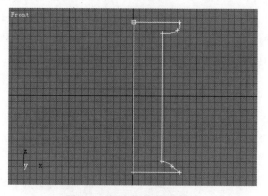

图 8.5　创建物体的半截面

（3）放样法。对于更复杂的模型，可以通过三维放样(Loft)建立，其方法是将一平面区

图 8.6　绕轴旋转

域(该区域可以在移动过程中按一定的规则变化)沿任意的空间轨迹线移动来生成,如图 8.7 所示。这种方法的造型能力很强,完全包含 Extrude 和 Lathe 方法。但是由于放样的几何构造算法十分复杂,因此 Extrude 和 Lathe 仍然从 Loft 中独立了出来,单独处理。

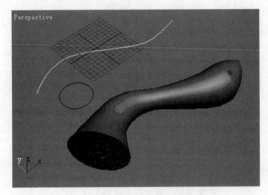

图 8.7　三维放样

（4）三维布尔运算。也称正则集合运算,是利用形体间的并、交、差运算进行实体造型,这也是建立三维形体的重要手段。可以使用并运算对多个形体进行叠加;使用交运算获得多个形体间的公用部分;使用差运算获取第一个形体减去第二个形体得到剩余的部分,例如可以利用这种运算得到门洞、窗洞等,如同一把三维的刻刀在三维立体空间中任意去除多余的部分,如图 8.8～图 8.11 所示。

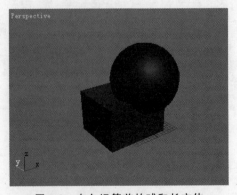

图 8.8　布尔运算前的球和长方体

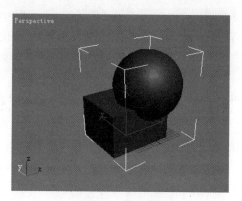

图 8.9 并运算

图 8.10 交运算

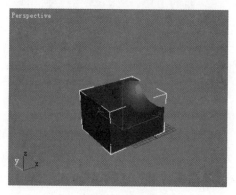

图 8.11 差运算

（5）直接创建。直接建立基本的三维几何模型，然后使用三维编辑命令修改处理，这类命令如 Bend、Taper、Twist、Noise 等，而最强大则是 Edit Mesh 命令，它可以分别对三维模型的点、边、面、组成元素等进行各种修改，从而得到所需要的各种几何形体。

三维几何造型的方法还有很多，如三维绘画技术、三维雕刻技术、曲面细分技术、NURBS 曲面建模技术等，但在建筑领域不常用。

一个最简单的例子是使用 Create→Standard Primitives→Box 建立一个长方体,然后修改其长、宽、高的值,得到一个大楼的模型(建立时一定要注意比例)。模型建好后,单击材质编辑器中 （Assign Material to Selection）,将已建好的多维材质赋给大楼模型。

8.6　对大楼模型指定 ID 号,按 ID 号分配材质

对于已建立的大楼模型,如何将多维材质的每一维指定给大楼的某一个面呢?在 3ds Max 中,将模型的每一个面设定一个 ID 号,该 ID 号与多维材质的 ID 号一一对应,即 ID 号为 1 的面使用 ID 号为 1 的子材质,ID 号为 2 的面使用 ID 号为 2 的子材质,以此类推,如图 8.12 所示。

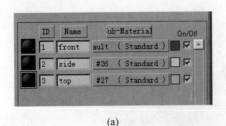 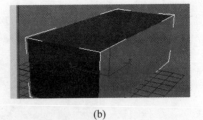

(a)　　　　　　　　　　　　　　　(b)

图 8.12　设定多维材质与 ID 号的对应关系

图 8.13　设定模型面的 ID 号

通过 Edit Mesh 命令设定模型面的 ID 号,按 Modifiers→Mesh Editing→Edit Mesh 的顺序,用模型的 Polygon 级别,选取要设定 ID 号的面,然后在 Material 下面的 ID 后输入设定值。使用该方法依次设定模型各个面的 ID 号,如图 8.13 所示。

8.7　调整大楼的体量及贴图

设定大楼各个面的贴图坐标,调整其大小及位置。

选中大楼模型,确定 Mesh Select 命令的 Polygon 级别,选取欲调节贴图坐标的面,然后使用 UVW Mapping 命令,通过选择 X、Y、Z 或 Normal Align 使贴图对齐模型的某一个面,通过 Bitmap Fit 命令使贴图与原图纵横比例一致,通过 Fit 命令使贴图与面适配。重复使用 Mesh Select 与 UVW Mapping,调整好各个面的贴图,如图 8.14 所示。

通过以上步骤,就完成了借助贴图技术的大楼模型。使用这种方法,建模快捷、方便、真实感强,适合大景观的快速建立和真实世界的三维景观再现,如图 8.15 所示山东建筑大学新校区虚拟现实。

除了用上述方法给大楼的各个面赋予不同的贴图以外,还有如下两种方法。

一种是面剥离法。就是将模型的各个面剥离下来,分离成各个不同的实体(Object),然后赋予不同的贴图。

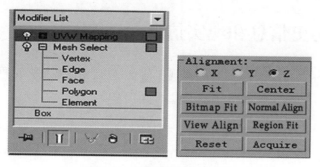

图 8.14 设定模型面的 ID 号

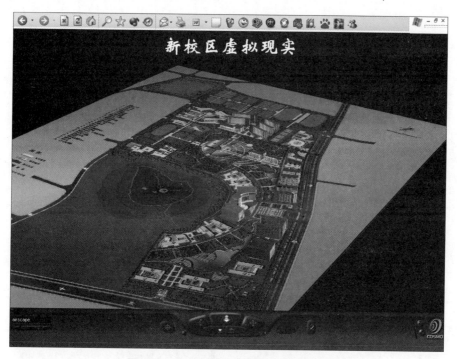

图 8.15 山东建筑大学新校区虚拟现实

另一种方法是面缝合法。先建立原始模型,然后以此为参照,借助于捕捉工具,再重新建立各个面,对此各面赋予不同的贴图并加以调整,最后将这些面与原始模型结合到一起。

这两种方法的优点是形象、直观,易于理解,但操作步骤较为烦琐,在特殊情况下使用会取得很好的效果。

要将 3ds Max 制作的三维建筑模型变成虚拟现实场景,只需要简单地使用导出命令即可,导出成 VRML97(*.WRL)文件。

在制作时,要注意应尽可能减少场景中的点、线、面,尽可能用多维材质贴图方式;不要使用过量的贴图效果。另外,虚拟现实浏览器支持透明材质。

8.8　嵌入历史信息和现实信息

在各地理坐标点上,嵌入历史信息和现实信息,包括相关数据。用户只要单击相关地理位置和相关链接就可实时调用,以便迅速获取有关信息。

第9章

视 频 创 作

9.1　动画原理

动画是一种通过连续画面来显示运动的技术,它通过以一定的速度连续地展示一系列画面来达到动态的效果,其原理是利用了人的视觉暂留现象。视觉效果与播放速率有关。事实上,没有运动也可以有动画,如物体的色彩变化,环境光强的变化等。

动画制作流程大体为编写脚本,然后根据脚本收集素材,再对素材进行加工设计,针对动画特点选用合适的创作工具进行三维制作,然后配音、合成、输出。

利用三维计算机动画技术,不仅可以观察建筑物的内、外部结构,而且还可以实现对虚拟建筑场景的漫游。

动画技术在建筑业中的更深层应用是利用合成技术来实现环境评估,可以利用它来评价所设计的建筑对周围环境的整体影响,这对城市规划和环境保护起着非常重要的作用。

9.2　三维建模

造型表达＝三维建模＋真实感模拟。

三维建模方法主要有如下 6 种。

(1) 模型推导法:推移法(sweep)、放样(loft)和旋转加工(lathe)。

(2) 布尔造型法:即先进行实体建模(solid modeling),然后对已有相交的实体进行三维布尔运算,从而得到新的三维实体的造型方法。

(3) 自由建模法:直接点操作(多边形面片、样条面片),或利用变形网格、随机曲面与变形曲面建模。

(4) 自然景物建模:主要有迭代函数系统(IFS)、粒子系统、植物模型。

(5) NURBS 造型法:即利用 NURBS 曲线生成 NURBS 曲面并利用 NURBS 一整套的专用建模工具造型的方法。

(6) 体视建模(volumetric modeling):基于体素(voxel)的建模,包括下面 3 步。

* 体素:从概念上把三维空间划分成一个等体积正方体阵列中的一个正方体;
* 对对象内部(interior)的建模——体可视化(volume visualization);
* 体视雕刻:基于体素的雕刻。

真实感模拟主要包括如下 5 种。

（1）物体表面阴影技术。

（2）大气或环境阴影技术，例如雾的模拟。

（3）表面纹理模拟。

（4）表面颜色模拟。

（5）表面反射模拟。

（6）表面透明度的模拟。

9.3　材质贴图

材质是指对真空材料视觉效果的模拟，为产生与实际建筑材料相同的视觉效果，需要通过材质的模拟，这样场景就会呈现出某种真实材料的视觉特征，具有真实感。

材质对质感和纹理的表现起着至关重要的作用。

材质本身是由若干参数构成，其中基本参数和贴图是两个最主要的构成单位。基本参数是材质编辑的基础，贴图则是在这个基础上进行更复杂、更精细的变化调整。通过贴图系统的调整及贴图类型的灵活应用，才能使材质效果产生无限变化，如纹理、凸凹、反射、折射等多种效果。

9.4　动画分类

动画有如下 3 类。

1. 模型动画

模型动画是指模拟人物或抽象形体等三维模型的位置、形状、属性的运动变化情况，主要是人物的运动动画。

虽然展示的主体是建筑等场景，但如果没有人物的衬托，则会一片空旷沉寂，没有生机和活力。

如果使用角色建模，如利用 Nurb 曲面建模，或其他的建模工具，如 Poser，则一方面工程量大，甚至远远超过建筑场景的建筑工作量；另一方面，对于建模人员的素质要求也比较高，需要较高的艺术修养，熟悉人体结构，才能建造出比较真实的人物模型。

笔者在项目研究中采用了比较新的 RPC 技术，在建模场景中用较简单的面片来表示人物、树木、喷泉等，而在渲染过程中再生成真实感极强的图像、动画，这大大提高了建模的速度，而工作过程则大大简化，只需从库中将模型拖入场景然后再通过缩放、移动到合适大小、位置即可。图 9.1～图 9.3 是创建的模型。

图 9.1　用 Poser 创作的人物模型

图 9.2　用 RPC 创建的人物模型

图 9.3　用 RPC 创建的树模型

2. 摄像机动画

摄像机动画是模拟摄像机的运动形式,包括定位、定向移动、摄像机轨迹、焦距及镜头伸缩的变化等。

在建筑动画制作中,摄像机动画是最主要的动画方式,在实际创作中,主要注意的问题是模拟实际工作中的可能情况,不能因为是在虚拟的环境中就随心所欲地操纵摄像机,否则真实感就会大打折扣,除非要表现某种特技效果。另外要注意的是摄像机运动路线要平滑,一般不要有较大的转角,造成镜头的突兀。其实摄像机的使用相对来说还是比较容易把握的,只要多考虑实际的摄像机的运用即可。

3. 光源动画

光源动画是模拟自然光源的位置、属性的变化。尽管光的运用在动画表现中非常重要,但光源动画在实际创作中一般运用比较少,也比较简单,这里就不介绍了。

9.5　视频特效

在进行视频合成时,要用到视频特效,如光效、雾效、模糊、景深、马赛克、锐化和风等,通过这些特效,进一步增强动画的真实感。

本研究项目在动画制作过程中,喷泉的制作使用了粒子系统。粒子系统是李维思(Reeves)提出来的。Reeves 描述了一个粒子集动画中一帧画面产生的 5 个步骤:

(1) 产生新粒子引入当前系统。

(2) 每个新粒子被赋予特定属性值。

(3) 将死亡的任何粒子分离出去。

(4) 将存活的粒子按动画要求移位。

(5) 将当前粒子成像。

9.6　分形动画

分形动画建立在分形造型的基础上。分形造型以分形几何为基础。Mandelbrot 提出的著名的随机模型,也称分形布朗运动(Fractal Brown Motion,FBM)是所有分形造型的基础。

在具体应用时,把分形划分为确定性分形和随机分形两种。

特别地,随机分形是指那些需要随机输入(至少是伪随机数)作为产生算法的一部分的分形,可表现云、山、河流、海浪、流沙等的运动。

9.7　雾效景深

雾效可以直接体现在建筑渲染图中,彻底改变场景。在鸟瞰图中,增加雾效可以帮助地平面和天空衔接起来。景深是一种非常神奇的效果,可以将视线的焦点集中到场景中特定的对象上,其余所有位于前景和背景中的对象将被模糊。影响景深效果的关键因素是 z 轴的距离的设置。景深是一幅作品中的重要设置之一。所以,雾效和景深对于表现空间感非常重要,许多三维动画制作软件中有相应的功能或者由第三方提供的插件支持。

9.8　图像处理

研究项目结合图像建模和几何建模实现了三维景观的再现。项目用数码相机拍摄了大量的照片,再将这些照片进行图像处理,使之与几何模型匹配,并作为几何建模的参考和依据,然后再将这些处理后的照片作为贴图,采用纹理映射的方法贴到三维模型上去,使之逼真再现。

传统的几何造型技术只能表示景物的宏观形状,而无法有效地描述景物表面的微观细节,但恰恰是这些细微特征极大地影响着景物的视觉效果。真实感图形绘制技术利用纹理图像来描述景物表面各点处的反射属性,成功模拟出景物表面的丰富纹理细节。纹理映射技术以纹理图像作为输入,通过定义纹理与物体之间的映射关系,将图像映射到简单景物几何形态上,合成出具有真实感的表面花纹、图案和细微结构。而在不同视点和视线方向下景物表面的绘制过程实际上是纹理图像在取景变换后,在简单景物几何上的重投影变形的过程。

9.9　灯光效果

有简单光照明模型和整体光照明模型。

简单光照明模型也称局部光照明模型,其假定物体是不透明的,只考虑光源的直接照射,而将光再物体之间的传播效果笼统地模拟为环境光。

整体光照明模型则不然,它考虑了物体之间的相互影响以产生整体照明效果。在整体光照明模型中物体之间的相互影响通过光线在其间的漫反射、镜面反射、透射产生。

在动画制作过程中,主要使用泛光灯、聚光灯、平行光 3 种光源。作用有主光、辅助光、顺光、逆光、轮廓光、效果光等,还有专用灯光专门用于照亮某一物体。另外,还有质量光效,可以模拟光束效果。

另外,还有光线跟踪方法。1980 年,Whitted 提出了整体光照明模型,并用光线跟踪(ray tracing)技术来求解这个模型。在光线跟踪算法中,要确定某点是否位于某个光源的阴影内,从该点出发向光源发出一根测试光线就可以做到。若测试光线在到达给定光源之前和其他的景物相交,那么该点位于给定光源的阴影中,否则受到该光源的直接照射。用光线跟踪技术可以方便地模拟软影和透明体的阴影。

9.10　摄像渲染

摄像机对于整个制作流程有着统观全局的重要作用,摄像机将自始至终地影响场景的构建和调整。摄像机在制图过程中的重要作用体现在如下 3 方面。

1. 摄像机定义构图

创建场景对象,布置灯光,调整材质,目的就是让计算机绘制一张平面图或创建一段动画,需要所有场景元素在二维平面的"投影"效果,而内容由摄像机来决定,此时摄像机代表观众的眼睛,通过对摄像机的调整来决定视图中建筑物的位置和尺寸。摄像机决定构图,决定于研究者的创作意图。

2. 摄像机对建模的影响

要根据摄像机的位置来创建那些能被相机"看"到的对象。这种做法无须将场景内容全部创建出来,从而使场景复杂程度降低了许多,最终效果却不改变。

3. 灯光设置要以摄像机为基础

在灯光调整过程中,灯光布置的角度(位置)是最重要的因素,这里的角度不仅仅指灯光与场景对象间的角度,而是代表灯光、场景对象和摄像机三者之间的角度,三者中有一个因素发生变动则最终结果就会相应改变。这说明在灯光设置前应先定义摄像机与场景对象的相对位置,再根据摄像机视图内容来进行灯光的设置。

综上所述,无论是从建模角度还是从灯光设置角度,摄像机都应首先被设置,这是规范制图过程的开始。

经过三维建模、灯光和摄像机设置,最后要进行渲染输出成动画,为保证生成动画的画质与效果,除注意设置好必要的参数外,最好采用专业渲染软件。

9.11　视频合成

在多媒体创作中,最突出的是合成数字电影,Adobe Premiere 是一款视频编辑软件,可对影片(* .mpg, * .avi, * .mov)、动画(* .fli, * .flc)、位图(* .bmp, * .gif)和声音(* .wav)等进行编辑,并生成.avi 或其他多种格式的输出文件,还可以直接输出视频格式即.mp4 文件。

9.12　环境配景(人、车、树)

好的环境配景是非常重要的。对建筑物进行几何建模是容易的,但创建一棵真实感的叶树、活生生的人却很困难,如模拟树叶的飘动、人的动作等。RPC 技术为人、车、树等的建模提供了较好的方法,即在建模阶段使用面片来模拟实物,在渲染生成时进行复杂运算,从而降低建模的复杂度,大大提高建模速度,并使用库进行管理,复杂的建模过程变成了从库中选取、拖动对象进场景,并采用路径动画原理,解决了"动"的问题。

9.13　创作工具与动画制作

计算机动画制作的工具环境,即动画创作软件主要有 3ds Max、3ds VIZ、Maya、SoftImage,在贴图图像处理方面研究主要使用 Photoshop,渲染输出有 LightScape、Mental Ray 和 RenderMan。

图 9.4 是视频场景截取的几个画面。

(a)

(b)

(c)

(d)

图 9.4　视频场景截取画面

综上所述,虚拟现实创作及动画视频生成的流程如图 9.5 所示。

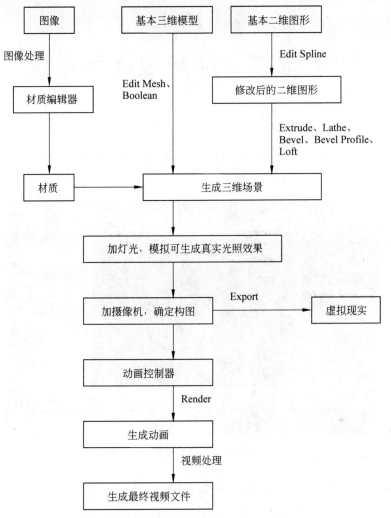

图 9.5 虚拟现实创作及动画视频生成的流程图

第10章
数字城市三维景观展示系统

为了更好地展示项目的研究成果,将展示的内容进行了集成,用 Visual Basic 做了展示系统,其界面如图 10.1 所示。

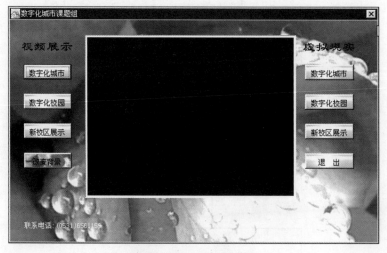

图 10.1 展示系统界面图

该展示系统的部分 Visual Basic 程序源代码如下:

```
Dim bk As String
Dim num As Integer

Private Sub Command1_Click()
    MediaPlayer1.FileName=App.Path +"\数字化城市.avi"
End Sub

Private Sub Command2_Click()
    MediaPlayer1.FileName=App.Path +"\数字化校园.avi"
End Sub

Private Sub Command3_Click()
    MediaPlayer1.FileName=App.Path +"\新校区展示.avi"
End Sub
```

```
Private Sub Command4_Click()
    End
End Sub


Private Sub change_Click()
    If num < 8 Then
        num = num + 1
        bk = App.Path + "\bk" + Trim(Str(num)) + ".jpg"
        frm播放器.Picture = LoadPicture(bk)
    Else
        num = 1
        bk = App.Path + "\bk" + Trim(Str(num)) + ".jpg"
        frm播放器.Picture = LoadPicture(bk)
    End If
End Sub


Private Sub Command5_Click()
    X = Shell("explorer " + App.Path + "\老校区虚拟现实\school.wrl")
End Sub


Private Sub Command6_Click()
    X = Shell("explorer " + App.Path + "\新校区虚拟现实\新校区.wrl")
End Sub


Private Sub Command7_Click()
    X = Shell("explorer " + App.Path + "\城市虚拟现实\城市.wrl")
End Sub
```

　　该系统对于视频的展示使用 MediaPlayer1 控件，而虚拟现实的展示则借用微软的浏览器和虚拟现实的播放器插件。另外，为了增加演示程序的趣味性，展示系统还给播放器增加"换肤"的功能。

　　程序框图如图 10.2 所示。

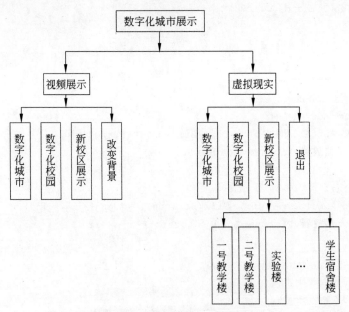

图 10.2   展示系统程序框图

第11章

结 论

（1）本书从宏观上阐述数字城市的概念、国内外现状、发展趋势及研究的意义，讨论数字城市的各种模型及结构框架，说明数字城市的关键技术与技术创新体系，描述数字城市子系统整合的工作模式及开发策略。

（2）本书较详细地阐述数字城市研究项目所用的各种技术及取得的研究成果——包括模式识别的技术及其应用、三维景观建模的多种方式和技术、三维景观立体化动态展示快速自动生成系统、虚拟现实的技术及其应用、视频创作等。建立城市的三维景观模型还会用到遥感信息获取、数字摄影测量、地理信息的分布式计算、超媒体网络 GIS 技术和数据库管理等技术。

（3）上述实践表明，数字城市三维景观模型已经达到了实用的阶段。

（4）本书研究了以遥感信息为基础进行三维再现的方法。综合运用模式识别技术、OpenGL 和 Visual LISP 编程技术、三维动画技术和虚拟现实技术等，实现航空摄影和遥感信息的矢量化处理、平面图形的立体化快速自动生成、视频和虚拟现实实现、景观点数据信息和文字信息的获取等功能；实现城市信息处理和调用的数字化、图像化；实现高精度坐标图像重建，平面照片和遥感信息转化为三维景观的深层信息再现。

（5）本书在如下几方面取得创新。

① 模式识别技术对遥感图片的识别与处理。用图像处理和模式识别的观点，识别并定位城市中各种不同的地物，主要地物为道路、楼房、草地和树木等，并形成矢量图形数据。

② 三维景观模型的建立。介绍数字城市三维景观建模的基本原理，研究数字城市的各种模型与技术创新体系，探讨各种地形地物要素的建模技术与方法等。

③ 三维景观快速自动生成系统的研究与开发。研究将空中拍摄的遥感图像进行模式识别形成和存储矢量数据，读取数据绘制三维景观，动态显示三维景观等方法，并采用本书提出的方法，用 VC++、OpenGL 等编程工具编写程序，实现数字城市中三维景观立体化动态显示。

④ 虚拟现实技术在数字城市中的应用研究。用计算机进行三维重建，是当前的一个研究热点。用计算机进行三维重建的方法较多，但动态展示和交互式观察的方便程度和灵活性差别很大。通过深入地研究和试验，获得了动态展示和交互式观察方便性和灵活性都很高的技术，该技术综合采用了 AutoCAD、3ds Max、Photoshop 等工具，实现了三维景观的重建与动态展示。

⑤ 视频创作的具体技术。利用三维计算机动画技术,实现对建筑物的内、外部结构的显示,以及对虚拟建筑场景的漫游。研究动画技术在建筑业中的更深层应用,即利用合成技术来实现环境评估。可以利用它来评价所设计的建筑对周围环境的整体影响,这对城市规划和环境保护起着非常重要的作用。

(6) 采用多种综合技术建立的山东建筑大学校园和济南市三维数字景观模型工程获得了满意的结果,专家鉴定其数字城市三维景观模型可以推广使用。由于建立数字城市三维景观模型是一个非常复杂的工程,需要花费大量财力、物力,所以随着相关技术的发展和用户需求的提高,数字城市三维景观模型将会首先在发达城市推广应用。除此之外,对经济不发达地区,可首先将它用于区域规划设计、小区景观表达等方面,通过先进的设计手段,使区域规划、景观表达等更具直观性、灵活性、方便性。

(7) 该研究项目开发的系统设计合理、界面友好、运行可靠、结果准确、使用方便。实现了对城市规划、地面建设、地下工程等遥感信息三维再现分析的数字化、图像化、网络化,实现了城市信息处理和调用的数字化、图像化、可视化。把城市图像、信息的处理和调用提高到了一个新水平,从而更好地为政府决策提供科学依据,为城市规划、地面建设、地下工程建设提供科学依据。

(8) 数字城市建设是一项复杂的社会系统工程,需要多种技术相互配合共同提供支持,而且它不仅需要一系列的先进技术作为支撑,更需要管理体制、运行机制和政策法规来护航,也要求市民信息素质普遍提高。国外发达国家不只是从提升技术这一层面来看待数字城市,而是从全球战略这一高度来认识这一问题,因此,全社会都应加深对数字城市以及数字地球的认识。笔者相信,在党和政府的积极推动下,相关城市的政府的高度重视下,通过不断的积极建设和一系列的工程实验,在不久的将来,数字北京、数字上海等一批数字化城市必将以新的雄姿展现在人们面前。

参 考 文 献

[1] 赖明. 数字城市导论[M]. 北京：中国建筑工业出版社，2001.

[2] 尼葛洛庞帝. 数字化生存[M]. 胡泳，范海燕，译. 北京：电子工业出版社，2017.

[3] 赵紫淑. 数字化城市管理水平的模糊集定性比较分析[D]. 泉州：华侨大学，2020.

[4] Tao Guo. Research on Digital City Management Business System[C]. Proceedings of the 8th International Conference on Social Network，Communication and Education (SNCE 2018)，2018.

[5] 徐锡磊. 数字城市的应用与展望[J]. 智能城市，2020,6(13)：42-43.

[6] 时晓明. 数字城市模型服务系统设计探究[J]. 信息记录材料，2020，21(4)：188-189.

[7] 李长志. 刍议数字城市与城市信息化建设[J]. 信息通信，2020，206(2)：223-224.

[8] 吴江明，傅冬华. 三维数字城市技术在城市规划中的应用[J]. 工程建设与设计，2020,17(14)：26-27.

[9] 陈桂龙. 为数字城市提供优化创新的发展模式——2019 城市数字发展评价指数报告发布[J]. 中国建设信息化，2020，106(3)：78-83.

[10] 刘昱. 基于航测的数字城市三维建模技术研究[J]. 工程建设与设计，2018(18)：251-252.

[11] 张永民. 遥感技术在数字城市建设中的应用[J]. 中国信息界，2010(04)：23-25.

[12] 马礼，张永梅. 基于弧向判别法的不规则数码脱机识别技术[J]. 计算机工程与应用，2003(6)：70-72.

[13] 周鸣扬，于秋生. Visual C++ 程序设计教程[M]. 北京：机械工业出版社，2004.

[14] 姚纪. 工程制图与计算机绘图[M]. 重庆：重庆大学出版社，2016.

[15] 章毓晋. 图像处理和分析基础[M]. 北京：高等教育出版社，2002.

[16] 刘志刚. AutoCAD 2000 Visual LISP 开发人员指南[M]. 北京：中国电力出版社，2001.

[17] 刘晟达. 三维数字城市技术在城市规划中的应用[J]. 城市建筑，2020(14)：26-27.

[18] 王亚升，王玉，郭红兵. 基于 BIM 技术的 GIS 道路信息检测模型研究[J]. 电子设计工程，2020,28(17)：180-184.

[19] 杨伟娟. 数字化城市设计管理模式探讨[J]. 江西建材，2020(09)：215-216.

[20] 顾晓莉，潘德根. 遥感与 GIS 技术在数字城市建设中的应用[J]. 电脑知识与技术，2017,13(21)：59-60.

[21] 周志峰，李丹彤，耿丹. 数字化城市管理标准体系框架建设初探[J]. 城市勘测，2020(05)：28-31.

[22] 唐怀坤，史一飞. 基于数字孪生理念的智慧城市顶层设计重构[J]. 智能建筑与智慧城市，2020(10)：15-16.

[23] 解学芳，李琳. 全球数字创意产业集聚的城市图谱与中国创新路径研究[J]. 同济大学学报(社会科学版)，2020,31(05)：36-51.

[24] 蔡丹. 智慧城市建设背景下城建档案数字化建设途径探索[J]. 城建档案，2020(09)：20-21.

[25] 李剑锋. 数字多媒体技术在城市景观设计中的应用研究[J]. 工业设计，2020(08)：112-113.

[26] 李熙，王有琦. 遥感技术在数字城市测绘中的应用[J]. 黑龙江科学，2020,11(14)：90-91.

[27] 唐怀坤，史一飞. 基于数字孪生理念的智慧城市顶层设计重构[J]. 智能建筑与智慧城市，2020(10)：15-16.

[28] 魏勇，吕聪敏. 利用复杂自适应系统理论探索数字孪生智能城市的发展模式[J]. 电子世界，2020

(09)：102-104.

[29] 刘晟达. 三维数字城市技术在城市规划中的应用[J]. 城市建筑,2020,17(14)：26-27.

[30] 徐辉. 基于"数字孪生"的智慧城市发展建设思路[J]. 人民论坛・学术前沿,2020(08)：94-99.

[31] 师博. 数字经济促进城市经济高质量发展的机制与路径[J]. 西安财经学院学报,2020，33(02)：
10-14.

[32] 马述忠,柴宇曦,朱程红. 提升优势,争创全球数字贸易中心城市[J]. 杭州,2020(06)：53-55.

[33] 吴伟强,周静娴,谢娜娜. 城市治理转型：数字时代的多层次治理[J]. 浙江工业大学学报(社会科
学版),2020,19(01)：54-60.

[34] 朱茜. 数字媒体时代我国城市地铁媒介的空间特征[J]. 东南传播,2020(03)：123-127.

[35] 王文跃,李婷婷,刘晓娟,等. 数字孪生城市全域感知体系研究[J]. 信息通信技术与政策,2020
(03)：20-23.

[36] 吴江明,傅冬华. 三维数字城市技术在城市规划中的应用[J]. 工程建设与设计,2020(05)：105-
106,109.

[37] 蒋文婷. 数字化城市数字地图及空间数据库建设[J]. 住宅与房地产,2020(06)：272-274.

[38] 邓德标,方源敏,高晋宁. 数字城市三维景观模型的批量添加及管理研究[J]. 测绘通报,2012
(S1)：249-252.

[39] 蓝荣钦,王家耀. 智慧城市空间信息基础设施支撑力评价体系研究[J]. 测绘科学技术学报,2015,
32(01)：78-81.

[40] Volkov D A，Gorodov A A，Goncharov A E，et al. Software for tracking aquatic environment
geographic information systems for further integration with advanced search capabilities[J].
Journal of Physics Conference Series，2020，1582：078-086.

[41] I. Masser，Heather Campbell，Massimo Craglia. GIS Diffusion：The Adoption And Use Of
Geographical Information Systems In Local Government in Europe[M].Boca Raton，Floride：CRC
Press,2020.

[42] Im J . Earth observations and geographic information science for sustainable development goals
[J]. GIence & Remote Sensing, 2020, 57(5)：591-592.

[43] Serhat Dağ,Aykut Akgün,Ayberk Kaya,et al. Medium scale earthflow susceptibility modelling by
remote sensing and geographical information systems based multivariate statistics approach：an
example from Northeastern Turkey[J]. Environmental Earth Sciences,2020,79(19)：234-239.

[44] Jayarathna L，Kent G，O'Hara I，et al. A Geographical Information System based framework to
identify optimal location and size of biomass energy plants using single or multiple biomass types
[J]. Applied Energy，2020，275：102-118.

[45] 李正男,王钰. 信息高速公路[M]. 北京：电子工业出版社,1995.

[46] 陈庆涛,邓敏. 国内外空间信息基础设施建设进展及其应用中的启示[J]. 测绘通报,2014(07)：
1-5.

[47] 杨庆,孙京禄,王春,等. 区域空间信息基础设施建设及空间信息数据整合思路探讨[J]. 滁州学院
学报,2013,15(05)：40-43.

[48] 龚健雅. 智慧城市中的空间信息基础设施[J]. 科学中国人,2016(04)：20-27.

[49] 王迪. 信息通信基础设施的空间经济效应研究[D]. 长春：吉林大学,2019.

[50] 黎志生,陈瑛. 三维仿真地图的地理空间信息数据构建技术研究[J]. 地理空间信息, 2020,18

（07）：30-33.

[51]　国家科委基础研究和新技术局. 资源与环境信息系统国家规范研究报告[R]. 1984,9.

[52]　刘波,高煜,丁鹏程,等. 基于 GIS 的城市规划知识图谱研究[J]. 城市建筑,2020,17(16)：49-52.

[53]　孙晓玲. 城市规划测绘中地理信息系统的运用研究[J]. 中国信息化, 2020, 313(5)：76-77.

[54]　夏天,史云,吴文斌. 遥感技术在数字乡村建设中的作用[J]. 卫星应用,2020(09)：8-13.

[55]　郭亚军. 遥感技术在国土空间规划中的应用[J]. 住宅与房地产,2020(27)：59-63.

[56]　孙会超. 遥感技术在城市中的应用——以郑州为例[J]. 江苏科技信息,2019,36(11)：60-62.

[57]　车俊毅. 基于遥感技术的济南市城市热岛效应特征研究[D]. 南昌：南昌航空大学,2019.

[58]　涂堂秋,孙星玥,胡洋洋. 遥感技术在城市规划中的应用[J]. 城市建设理论研究(电子版),2018
　　　(32)：61.

[59]　张添. 资源环境承载力评价与国土空间规划的探讨[J]. 江西建材,2020(10)：105-106.

[60]　孙中原,韩青,孙成苗,等. 基于地理信息的空间规划衔接研究与实践[J]. 测绘科学,2020,45
　　　(10)：155-160.

[61]　柯燕萍. 地理信息数据档案在国土空间规划中的应用探讨[J]. 办公室业务, 2020(20)：95-96.

[62]　李然. 信息技术在国土空间规划实施监督体系中的应用探讨[J]. 江西建材, 2020(10)：88-90.

[63]　刘塑,娄书荣,葛江涛. 城市重点地区地下空间信息精细化三维集成技术研究[J]. 城市勘测,2020
　　　(05)：85-89.

[64]　靳凤营,张丰,杜震洪,等. 基于 Spark 的土地利用矢量数据空间叠加分析方法[J]. 浙江大学学报
　　　(理学版),2016,43(01)：40-44.

[65]　王小芦,占伟伟,王辉,等. 一种三维数字地球场景下的重力仿真方法[J]. 信息技术与信息化,
　　　2019(10)：123-125.

[66]　Batty, Michael. Virtual Reality in Geographic Information Systems[M]//The Handbook of
　　　Geographic Information Science. Blackwell Publishing Ltd, 2008.

[67]　梁嘉祺,姜珊,陶犁. 基于网络游记语义分析和 GIS 可视化的游客时空行为与情绪关系实证研
　　　究——以北京市为例[J]. 人文地理, 2020,35(02)：158-166.

[68]　程飞. 基于 GML 的 GIS 数据互操作研究与设计[D]. 成都：电子科技大学,2007.

[69]　Xiaogang M A. Geo-Data Science：Leveraging Geoscience Research with Geoinformatics,
　　　Semantics and Open Data[J]. ACTA GEOLOGICA SINICA(English edition), 2019, 93(z1)：
　　　44-47.

[70]　Lachat P, Rehn-Sonigo V, Bennani N. Towards an Inference Detection System Against Multi-
　　　database Attacks[M]//New Trends in Databases and Information Systems, 2020.

[71]　刘健,苏志军,陈亮,等. 基于微信的 GIS 应用及实现途径分析[J]. 测绘与空间地理信息,2017,40
　　　(10)：144-145.

[72]　刘浩,刘秀婷,戴居丰,等. 数字城市三维景观快速自动生成系统[J]. 计算机应用与软件,2006
　　　(02)：131-133.

[73]　刘浩,杨磊,杜忠友,等. 数字城市三维重现展示系统[J]. 微计算机信息,2004(02)：119-121.

[74]　胡道元. 信息网络系统集成技术[M]. 北京：清华大学出版社,1996.

[75]　杨磊,刘浩,杜忠友,等. 数字城市中大楼的计算机三维重建技术[J]. 山东建筑工程学院学报,
　　　2004(02)：6-9.

[76]　杜忠友,刘浩,刘秀婷,等. 数字城市遥感信息三维景观生成系统[J]. 计算机工程与应用,2004
　　　(17)：136-138.

[77]　杜忠友,刘浩,张海林,等. 数字城市中快速自动生成三维景观的研究[J]. 微计算机信息,2006
　　　(03)：249-251.

图 书 资 源 支 持

感谢您一直以来对清华版图书的支持和爱护。为了配合本书的使用,本书提供配套的资源,有需求的读者请扫描下方的"书圈"微信公众号二维码,在图书专区下载,也可以拨打电话或发送电子邮件咨询。

如果您在使用本书的过程中遇到了什么问题,或者有相关图书出版计划,也请您发邮件告诉我们,以便我们更好地为您服务。

我们的联系方式:

地　　址:北京市海淀区双清路学研大厦 A 座 714

邮　　编:100084

电　　话:010-83470236　　010-83470237

客服邮箱:2301891038@qq.com

QQ:2301891038(请写明您的单位和姓名)

资源下载: 关注公众号"书圈"下载配套资源。

资源下载、样书申请

书 圈

获取最新书目

观看课程直播